Instrumentación 7: Analíticas

Alexander Espinosa

Versión 4.1 – 2011

©2011, Alexander Espinosa.

Esta es una obra derivada de Lessons in Industrial Instrumentation de Tony R. Kuphaldt, pero no está financiada, patrocinada, revisada, aprobada o apoyada de ninguna forma por Tony R. Kuphaldt.
http://www.openbookproject.net/books

A mis hijos Camilo y Sofía

Indice

1	**Mediciones continuas Analíticas**		**1**
	1.1 Mediciones de Conductividad		2
		1.1.1 Disociación e ionización en disoluciones acuosas	3
		1.1.2 Sondas de conductividad de dos electrodos	5
		1.1.3 Sondas de conductividad de cuatro electrodos	7
		1.1.4 Sondas de conductividad sin electrodos	9
	1.2 Mediciones de pH		12
		1.2.1 Mediciones de pH colorimétricas . . .	13
		1.2.2 Mediciones potenciométricas de pH . .	13
	1.3 Cromatografía		31
	1.4 Análisis óptico		46
		1.4.1 Espectroscopía dispersiva	54
		1.4.2 Espectroscopía no dispersiva	57
		1.4.3 Fluorescencia	79
		1.4.4 Quimioluminiscencia	89

Figuras

1.1	Método para medir la conductividad de una disolución	5
1.2	Foto de una sonda de conductividad de contacto directo	5
1.3	Método de 4 cables para la medición de conductividad	8
1.4	Medición de conductividad usando 4 cables .	9
1.5	Uso de un segundo voltímetro en las mediciones de conductividad	10
1.6	Método de medición de conductividad sin electrodos	11
1.7	Circuito equivalente de la sonda de conductividad toroidal	11
1.8	Analizador de conductividad de Rosemount .	12
1.9	Foto de plantas sensibles a la acidez del suelo	13
1.10	Electrodos especiales con disolución buffer para mediciones de conductividad	15
1.11	Electrodo de referencia	17
1.12	Electrodo de medición y de referencia	17
1.13	Fotos de electrodo y sonda de pH	18
	(a) Electrodo de combinación	18
	(b) Sonda de pH sin tapa protectora	18
1.14	Foto de la punta de una sonda de pH	18
1.15	Medición de pH en sistemas de aguas residuales	19
1.16	Foto de una sonda de pH en un sistema de aguas residuales	20
1.17	Sonda de inserción	20

1.18	Detalle de la sonda de inserción	21
1.19	Circuito de adaptación de impedancias para sondas de pH	25
1.20	Capacidad parásita en las sondas de medición de pH	25
1.21	Foto de un pre-amplificador de una sonda de pH	26
1.22	Circuito pre-amplificador de una sonda de pH	27
1.23	Linealidad de la función de transferencia de las mediciones de pH usando *buffer*	30
1.24	Secuencia de un cromatógrafo de capa delgada	33
1.25	Esquema de un cromatógrafo de proceso de gas (GC)	35
1.26	Cromatograma	37
1.27	Cromatograma y su interpretación matemática	40
1.28	Determinación del poder calorífico del Gas Natural	41
1.29	Foto de una columna de cromatógrafo	42
1.30	Válvula de muestreo de un cromatógrafo . . .	43
1.31	Modos de muestreo de un cromatógrafo . . .	44
1.32	Funcionamiento de un cromatógrafo de gases	45
1.33	Spectrum Explorer (SPEX) mapea el espectro de color y la intensidad de la radiación a través de un intervalo de longitudes de onda	48
1.34	Espectro de líneas	49
1.35	Tres tipos de espectros	50
1.36	Espectros de absorción	51
1.37	Muestra de un fluido expuesto a la luz	53
1.38	Dispersión de la luz visible	54
1.39	Rejilla de difracción	55
1.40	Rejilla de difracción por reflexión	55
1.41	Analizador dispersivo	57
1.42	Analizador no dispersivo	59
1.43	Analizador de dos haces	62
1.44	Rueda *chopper* en un detector dual	63
1.45	Efector de la rueda *chopper* en el detector dual	64
1.46	Acoplamiento capacitivo en un detector con *chopper*	65

1.47	Detector Luft	66
1.48	Gráfico espectral que muestra las bandas únicas de absorción infrarroja del Dióxido de Carbono y del Etano	68
1.49	Detector sin diafragma	69
1.50	Ejemplo de absorción superpuesta	71
1.51	NDIR mejorado	71
1.52	Analizador NDIR de cámara doble	72
1.53	Analizador de gas Rosemount Analytical X-STREAM X2	73
1.54	Detector de Luft con elemento de sensado de microcaudal que detecta los pulsos de gas entre las dos cámaras	74
1.55	Analizador de filtro de correlación	75
1.56	Diagrama de un analizador de GFC	79
1.57	Fluorescencia en algunas sustancias	81
1.58	Fluorescencia del Aceite de Oliva	81
1.59	Fluorescencia de la melaza	82
1.60	Fluorescencia de la clorofila	82
1.61	Tinta fluorescente en billetes	83
1.62	Foto de una cámara de fluorescencia de un analizador de Dióxido de Sulfuro *Thermo Electron modelo 43*	84
1.63	Detalle de un emisor ultravioleta	85
1.64	Tubo fotomultiplicador	85
1.65	Tubo fotomultiplicador simplificado y el circuito de suministro de potencia	86
1.66	Salida del tubo fotomultiplicador	87
1.67	Reguladores de presión de un analizador	88
1.68	Diagrama simplificado de un analizador de gas de óxido Nítrico quimioluminiscente	90
1.69	Analizador quimioluminiscente de NOx	91

Tablas

1.1 Relación entre la actividad de iones de Hidrógeno, el valor de pH y la sonda de voltaje 24
1.2 Intervalos de medición y gases de interés que pueden soportar los analizadores NDIR . . . 60

Prólogo

El estudiante de instrumentación industrial debe conseguir una comprensión de muchos aspectos de la ciencia y la técnica que se utilizan para la obtención de bienes de consumo a través de métodos industriales de proceso. En las industrias de proceso coexisten antiguas y nuevas tecnologías, por lo que el desafío es aún mayor para los jóvenes que intentan obtener el dominio necesario de la instrumentación industrial. En los últimos tiempos ha habido una transferencia de tecnología digital desde otras áreas como las de telecomunicaciones, procesamiento digital de señales y métodos de inteligencia artificial cada una de las cuales representan en sí mismo un desafío. Espero que la forma en que ha sido presentado ayude a motivar al estudiante y que la elección de los textos le sirva de guía en la ardua tarea del aprendizaje. Las versiones kindle están disponibles desde agosto de 2010 en la tienda Amazon. Se pueden adquirir los capítulos por separado o en tomos.

+Alexander Espinosa

Capítulo 1

Mediciones continuas Analíticas

En el campo de la instrumentación industrial y de control de procesos, la palabra analizador *analyzer* generalmente se refiere a un instrumento encargado de medir la concentración de alguna sustancia, usualmente mezclada con otras sustancias de poco o ningún interés para el proceso controlado. A diferencia de otras mediciones menos detalladas, los dispositivos analizadores deben seleccionar en forma detallada un material dentro de otros que también están presentes en la muestra. Este único aspecto es responsable por la complejidad de la instrumentación analítica: ¿Cómo medir la cantidad de solamente una sustancia cuando se encuentre totalmente mezclada con otras sustancias?

Los instrumentos analizadores generalmente consiguen selectividad al medir alguna propiedad de la sustancia de interés que le sea exclusiva, o al menos, única de entre todas las sustancias que sea posible encontrar en la muestra del proceso. Por ejemplo, un analizador óptico puede obtener selectividad al medir la intensidad de solamente aquellas longitudes de onda de la luz que son absorbidas solamente por el compuesto de interés. Un analizador paramétrico de Oxígeno podría tener selectividad explotando las características paramagnéticas del gas Oxígeno, porque no hay otro gas más paramagnético que el Oxígeno. Un analizador de pH obtiene selectividad con respecto a iones de Hidrógeno usando una membrana de gas especialmente preparada para dejar pasar solamente iones de Hidrógeno.

Pueden surgir problemas si la propiedad medida de la sustancia de interés no sea tan exclusiva como se habría originalmente considerado. Esto puede ocurrir debido a la negligencia de parte del personal que haya escogido la tecnología del analizador, o puede surgir como resultado de cambios en la química del proceso, ya sea por modificaciones intencionales en el equipamiento del proceso o por condiciones anormales de operación. Por ejemplo, que un gas absorba algunas (o todas) longitudes de luz del gas de interés provocará mediciones falsas si es que el analizador no tiene compensaciones para esto. El óxido Nítrico (NO) es uno de pocos gases que tienen un paramagnetismo significativo y esto puede causar errores de medición si es introducido en la boquilla de entrada de un analizador de Oxígeno paramagnético. Un analizador de pH inmerso en una disolución líquida que contenga abundancia de iones de Sodio puede ser víctima de errores de medición porque los iones de Sodio también deben interactuar con la membrana de vidrio de un electrodo de pH para poder generar un voltaje.

Por esta razón, el estudioso de instrumentación analítica debe siempre poner cuidado especial al principio de medición subyacente de cualquier tecnología de analizador, buscando si existe alguna forma en que el analizador pueda ser engañado por la presencia de alguna otra sustancia que no sea aquella para la cual fue diseñado el analizador.

1.1 Mediciones de Conductividad

La conductividad eléctrica en los metales es el resultado del desplazamiento libre de los electrones dentro de una red de núcleos atómicos que son parte de los objetos metálicos. Cuando se aplica un voltaje entre dos puntos de un objeto metálico estos electrones libres se desplazan inmediatamente hacia el polo positivo, alejándose del polo negativo.

La conductividad eléctrica en los líquidos es otro tema. Aquí, los portadores de carga son iones: átomos que no están balanceados eléctricamente o moléculas que están libres para moverse porque no están amarradas a una estructura de red como en el caso de las sustancias sólidas. El grado de conductividad eléctrica de cualquier líquido es dependiente de la densidad de iones de una disolución (o de cuántos iones existen por unidad de volumen de líquido). Cuando un voltaje se aplica a través de dos puntos de una disolución líquida los iones negativos se desplazarán hacia el polo positivo y los iones positivos se desplazarán hacia el polo negativo.

La conductividad eléctrica en los gases es muy parecida: los iones son los portadores de carga. Sin embargo, en los gases a temperatura ambiente, la actividad iónica es casi inexistente. Un gas debe ser supercalentado para convertirse en estado de plasma antes de que existan iones que puedan transportar una corriente eléctrica.

1.1.1 Disociación e ionización en disoluciones acuosas

El agua pura es un conductor de electricidad muy pobre. Algunas moléculas se ionizarán en mitades no balanceadas (en vez de H_2O, se podrán encontrar algunas iones hidroxilos cargados negativamente (aniones OH^-) y algunos iones de Hidrógeno cargados positivamente (cationes H^+) pero el porcentaje es extremadamente pequeño a temperatura ambiente.

Cualquier sustancia que aumente la conductividad eléctrica cuando esté disuelta en agua se denomina electrolito. Este aumento en conductividad ocurre debido a que las moléculas se separan en iones positivos y negativos, los cuales pueden servir como portadores de carga libres. Si el electrolito en cuestión es un compuesto iónicamente-unido (la sal de mesa es un ejemplo común), los iones que forman el componente se separan en forma natural en una disolución y a esta separación se le denomina disociación. Si el electrolito en cuestión es un compuesto covalentemente unido (el ácido clorhídrico es un ejemplo), la separación de esas moléculas en aniones y cationes se denomina ionización.

La disociación e ionización se refieren a la separación de átomos inicialmente unidos al entrar en una disolución. La diferencia entre estos términos es el tipo de sustancia que se divide: disociación se refiere a la división de compuestos iónicos (tales como sal de mesa), mientras que la ionización se refiere a los compuestos unidos por covalencia (moleculares) tales como HCl los cuales no son iónicos en su estado puro.

Las impurezas iónicas que se agregan al agua (tales como sales y metales) se disocian inmediatamente y quedan disponibles para actuar como portadores de carga. Así, la medición de la conductividad eléctrica de muestras de aguas es un estimado de la concentración de impurezas iónicas. La conductividad es, por tanto, una medición analítica importante para ciertas aplicaciones relacionadas con la pureza del agua, tales como tratamiento de agua para la alimentación de calderas y la preparación de agua de alta pureza que se usa para la fabricación de semiconductores.

Note que las mediciones de conductividad son una forma de medición analítica. La conductividad de una disolución líquida es una indicación burda del contenido iónico que no nos dice nada acerca del tipo específico de iones presentes en la disolución. Por lo tanto, las mediciones de conductividad solo tienen significado cuando se sepa previamente qué especies iónicas en particular están presentes en la disolución (o cuando el propósito sea eliminar todos los iones en la disolución como en el caso de tratamiento de agua ultra-pura, en tales casos no nos interesan los tipos de iones porque el objetivo ideal es la conductividad nula).

1.1.2 Sondas de conductividad de dos electrodos

La conductividad se mide a través de una corriente eléctrica que pasa a través de una disolución. La forma más elemental de sensores de conductividad (algunas veces llamados celdas, consisten en dos electrodos de metal insertados en la disolución, conectados a un circuito diseñado para medir la conductancia G, el recíproco de la resistencia $\left(\frac{1}{R}\right)$ (Fig. 1.1).

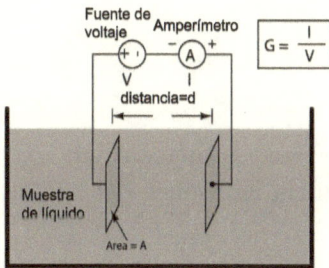

Figura 1.1: Método para medir la conductividad de una disolución

La siguiente foto muestra una sonda de conductividad de contacto directo, la que consiste de electrodos de acero *stainless* que contactan el fluido a través de un tubo de vidrio (Fig. 1.2).

La conductancia medida por un instrumento de conductividad de contacto directo es una función de la geometría de la placa (área de superficie y distancia de separación) y de la actividad iónica de la disolución. Un incremento simple en la distancia de separación entre las sondas electrónicas resultará en una disminución en la medición de conductancia (incremento de la resistencia R) aún

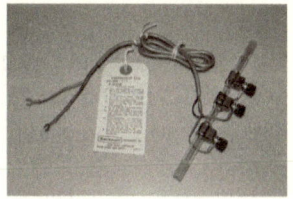

Figura 1.2: Foto de una sonda de conductividad de contacto directo

cuando las propiedades iónicas de la
disolución no cambien. Entonces,
la conductancia G no es particularmente útil como una expresión de la conductividad del líquido.

La relación matemática entre la conductancia G, el área de la placa A, la distancia entre las placas d y la conductividad real del líquido k se expresa en la siguiente ecuación:

$$G = k\frac{A}{d} \qquad (1.1)$$

Donde,
G = Conductancia, en Siemens (S)
k = Conductancia Específica del líquido, en Siemens por centímetro (S/cm)
A = Área de cada Electrodo en centímetros cuadrados (cm^2)
d = Distancia de separación de los Electrodos en centímetros (cm)

La unidad de Siemens por centímetro puede resultar rara al comienzo, pero es necesaria para incorporar todas las unidades presentes en las variables de la ecuación. Un análisis dimensional simple prueba esto:

$$[S] = \left[\frac{S}{cm}\right]\frac{[cm^2]}{[cm]}$$

Para cualquier tipo de celda de conductividad la geometría se toma en cuenta como el cociente entre la distancia de separación y el área de la placa, usualmente simbolizado por θ y siempre se expresa en unidades de centímetros inversos (cm^{-1}):

$$\theta = \frac{d}{A} \qquad (1.2)$$

Si al rescribir la ecuación de conductancia se usara θ en lugar de A y d, se podría ver que la conductancia es el cociente de la conductividad k y la constante de celda θ:

$$G = \frac{k}{\theta} \qquad (1.3)$$

Donde,
G = Conductancia, en Siemens (S)
k = Conductancia Específica del líquido, en Siemens por centímetro (S/cm)
θ = Constante de Celda, en centímetros inversos (cm^{-1})

Al manipular esta ecuación para despejar la conductividad k dada la conductancia eléctrica G y la constante de celda θ, se obtiene el siguiente resultado:

$$k = G\theta \qquad (1.4)$$

Las celdas de dos electrodos no son muy prácticas en aplicaciones reales porque los iones metálicos y minerales atraídos por los electrodos tienden a recubrir los electrodos formando barreras de aislamiento sólidas. Mientras que este efecto *electroplating* se puede reducir mucho al usar corriente AC en lugar de corriente DC para excitar el circuito de sensado, normalmente no es suficiente. Con el tiempo la barrera conductiva formada por iones unidos a la superficie de los electrodos causaría errores de calibración haciendo que el instrumento piense que el líquido es menos conductivo que lo que realmente es.

1.1.3 Sondas de conductividad de cuatro electrodos

Una solución práctica para este problema es la técnica de Kelvin o método de medición de resistencia de cuatro cables. Esta técnica comúnmente permite hacer mediciones de resistencia precisas en experimentos científicos en condiciones de laboratorio y para medir la resistencia eléctrica de galgas extensiométricas *strain gauges* y de otros sensores resistivos. La técnica de cuatro cables emplea cuatro conductores para conectar la resistencia bajo prueba al instrumento de medición (Fig. 1.3).

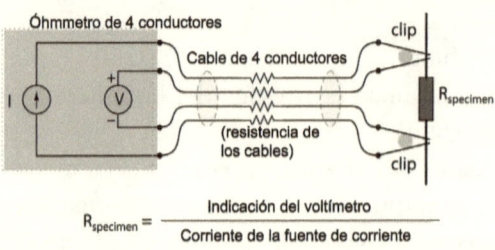

Figura 1.3: Método de 4 cables para la medición de conductividad

Solamente los dos cables exteriores pueden transportar corriente en forma sustancial. Los dos conductores internos que conectan el voltímetro a la resistencia medida transportan muy poca corriente (debido a la impedancia de entrada extremadamente alta del voltímetro) por lo que hay una caída despreciable de voltaje entre sus extremos. El voltaje que cae a través de los cables que transportan corriente (los externos) es irrelevante porque esta caída nunca es detectada por el voltímetro.

Puesto que el voltímetro solamente mide el voltaje caído en la resistencia medida y no la resistencia medida y la resistencia del cable, la medición de resistencia resultante es mucho más precisa.

En el caso de las mediciones de conductividad no es la resistencia del cable lo que hay que ignorar, sino la resistencia adicional provocada por el recubrimiento de los electrodos. Al usar cuatro electrodos en lugar de dos se puede medir la caída de voltaje a través de una disolución líquida solamente e ignorar completamente los efectos resistivos del recubrimiento de los electrodos (Fig. 1.4).

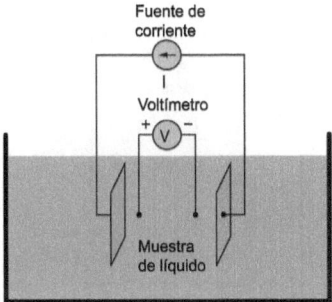

Figura 1.4: Medición de conductividad usando 4 cables

En las celdas de conductividad de 4-conductores cualquier recubrimiento de electrodos simplemente hace que la fuente de corriente tenga que elevar su voltaje pero no afectará la cantidad de voltaje detectado por los dos electrodos interiores en la medida que la corriente eléctrica pase a través del líquido. Algunos instrumentos de conductividad emplean un segundo voltímetro para medir la caída de voltaje que tiene lugar entre los dos electrodos de excitación para así indicar los errores en los electrodos (Fig. 1.5).

Cualquier error de electrodo hará que la medición del voltaje secundario aumente con lo que se proporciona una indicación que los técnicos pueden usar para mantenimiento preventivo (se sabe cuando las sondas necesitan limpiado o reemplazo). Mientras tanto, el voltímetro principal realizará su trabajo de medir con precisión la conductividad del líquido mientras la fuente de corriente sea capaz de entregar una cantidad normal de corriente.

1.1.4 Sondas de conductividad sin electrodos

Un tipo completamente diferente de celdas de conductividad denominadas
sin electrodos, usa la inducción electromagnética en lugar

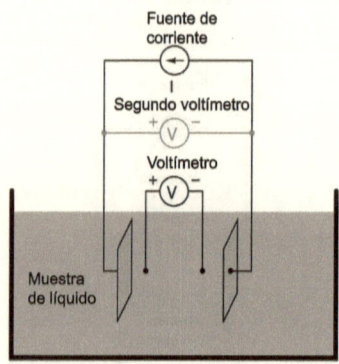

Figura 1.5: Uso de un segundo voltímetro en las mediciones de conductividad

del contacto eléctrico directo para detectar la conductividad de la disolución líquida. Este tipo de celda tiene la ventaja distintiva de ser virtualmente inmune a errores *fouling* puesto que no hay contacto eléctrico directo entre el circuito de medición y la disolución líquida. En lugar de usar dos o cuatro electrodos insertados en la disolución para medición de conductividad, esta celda usa dos inductores toroidales (uno para inducir un voltaje de AC en la disolución líquida y el otro para medir la fuerza de la corriente resultante a través de la disolución) (Fig. 1.6).

Debido a que los núcleos toroidales contienen sus propios campos magnéticos, habrá inductancia mutua despreciable entre las dos bobinas de cables. La única forma en que un voltaje puede ser inducido en la bobina secundaria es si hay una corriente AC que pase a través del centro de la bobina a través del líquido. La bobina principal está ubicada de forma que induzca tal corriente en la disolución. Mientras más conductiva sea la disolución líquida, más corriente pasará a través de los centros de ambas bobinas (a través del líquido), produciendo así un voltaje inducido mayor en la bobina del secundario. El voltaje de la bobina secundaria entonces será

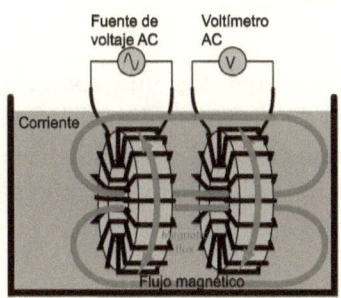

Figura 1.6: Método de medición de conductividad sin electrodos

directamente proporcional a la conductividad del líquido

El circuito eléctrico equivalente de la sonda de conductividad toroidal luce como un par de transformadores con el líquido actuando como un camino resistivo para que la corriente conecte los dos transformadores (Fig. 1.7).

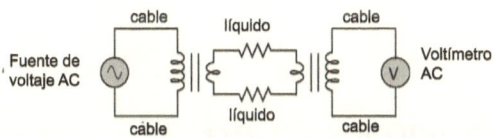

Figura 1.7: Circuito equivalente de la sonda de conductividad toroidal

La celdas toroidales se usan siempre que se pueda debido a su robustez y a su casi total inmunidad al engaño *fouling*. Si embargo, no son lo suficientemente sensibles en mediciones de conductividad en aplicaciones de alta-pureza tales como tratamiento de alimentadores de agua de calderas y tratamiento de agua ultra-pura en la industria farmacéutica y de semiconductores. Como siempre, las especificaciones de los fabricantes son la mejor fuente de información para la aplicabilidad de las celdas conductivas en algún proceso en particular.

La siguiente foto muestra una sonda de conductividad toroidal a lo largo de un transmisor de conductividad (toma mediciones de conductividad en miliSiemens por centímetro y también transmite las mediciones como señales analógicas de 4-20 mA) (Fig. 1.8).

Figura 1.8: Analizador de conductividad de Rosemount

1.2 Mediciones de pH

El pH es la medición de la actividad del ión de Hidrógeno en una disolución líquida. Es una las formas más comunes de mediciones analíticas en la industria porque el pH tiene un gran efecto en el éxito de muchos procesos químicos. Por ejemplo, se usa en las industrias de procesamiento de alimentos, tratamiento de aguas, producción farmacéutica, generación de vapor (plantas termoenergéticas) y fabricación de Alcohol. El pH es también un factor importante en la corrosión de tuberías metálicas y contenedores que contengan disoluciones acuosas por lo que la medición y control de pH es importante en la protección de estos elementos.

Mediciones de pH 13

1.2.1 Mediciones de pH colorimétricas

Una de las formas más simples de medir el pH de una disolución es por color. Algunos químicos en disolución acuosa cambiarán de color si el valor de pH de esta disolución cayese dentro de cierto intervalo. El *Litmus paper* es una aplicación de laboratorio común que sigue este principio donde una sustancia química fotosensible se incorpora a una cinta de papel que, a su vez, cambia de color cuando se introduce en una disolución. Al comparar el color final del papel de Litmus con un cuadro de referencia se obtiene un valor de pH aproximado. Rojo indica una disolución ácida y azul una alcalina.

El mismo fenómeno se observa en ciertas plantas que indican que el suelo es ácido con un color azul o violeta (Fig. 1.9).

1.2.2 Mediciones potenciométricas de pH

El cambio de color es un método de prueba de pH común que se usa en análisis manuales de laboratorio, pero no es muy bueno
para las mediciones continuas de pH. Lejos, el método de medición de pH más común es electroquímico: electrodos especialmente sensibles al pH se insertan en una disolución acuosa, los que generarán un voltaje que depende del valor de pH de esta disolución.

Figura 1.9: Foto de plantas sensibles a la acidez del suelo

Al igual que otros métodos de medición analíticos basados en voltaje, la medición electroquímica de pH se basa en la ecuación de Nernst, la cual describe el potencial eléctrico de los iones que migran a través de una membrana permeable:

$$V = \frac{RT}{nF} \ln\left(\frac{C_1}{C_2}\right) \tag{1.5}$$

Donde,

V = Voltaje producido a través de la membrana debido al intercambio iónico, en volts (V)

R = Constante del Gas Universal (8.315 J/mol·K)

T = Temperatura Absoluta, en Kelvin (K)

n = Cantidad de electrones transferidos por ion intercambiado (sin unidad)

F = Constante de Faraday, en Coulombs por mol (96,485 C/mol e$^-$)

C_1 = Concentración de iones en la disolución medida en moles por litro de disolución M

C_2 = Concentración de iones en la disolución de referencia (en el otro lado de la membrana), en moles por litro de disolución M

También se puede escribir la ecuación de Nernst usando el logaritmo común en lugar del logaritmo natural, que es como se puede ver usualmente en el contexto de las mediciones de pH:

$$V = \frac{2.303 RT}{nF} \log\left(\frac{C_1}{C_2}\right)$$

Ambas formas de la ecuación de Nernst predicen que habrá un voltaje mayor a través del grueso de la ventana en la medida en que la concentración a ambos lados de la membrana difiera más. Si la concentración iónica en ambos lados de la membrana fuese igual, no habría potencial de Nernst.

En el caso de las mediciones de pH, la ecuación de Nernst describe la cantidad de voltaje eléctrico en una membrana especial de vidrio, que se debe al intercambio de iones de Hidrógeno entre la disolución líquida del proceso y una disolución *buffer* que se encuentra al interior de un bulbo que está formulada para que pueda mantener un valor constante

Mediciones de pH

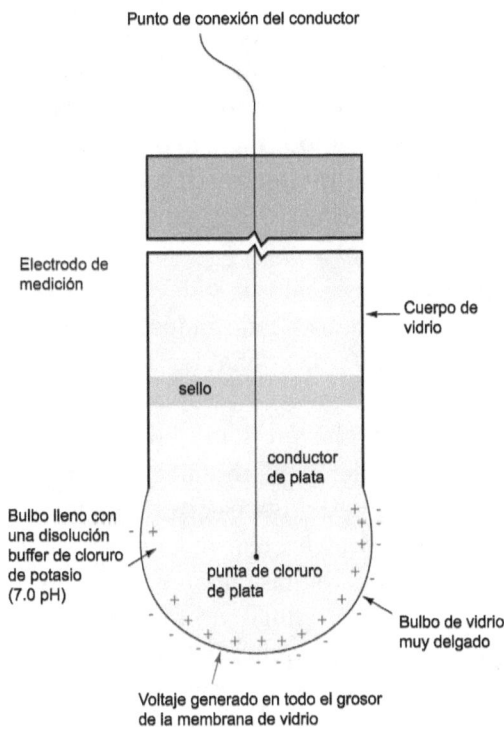

Figura 1.10: Electrodos especiales con disolución buffer para mediciones de conductividad

de pH de 7.0. Existen electrodos especiales para medir pH que tienen el extremo cerrado y fabricado con este vidrio y con una pequeña cantidad de disolución *buffer* al interior de un bulbo de vidrio (Fig. 1.10).

Cualquier concentración de iones de Hidrógeno en la disolución de proceso que difiera de la concentración de iones en la concentración de la disolución *buffer* ($[H^+] = 1 \times 10^{-7}$ M) producirá un voltaje a través del grosor del vidrio. Por eso, un electrodo de medición de pH normalizado no producirá potencial cuando el valor de pH de la disolución de proceso sea exactamente 7.0 (igual a la actividad de iones de Hidrógeno en la disolución *buffer* atrapada en el bulbo).

El vidrio usado para fabricar este electrodo no es un vidrio ordinario, es uno especialmente fabricado para que sea selectivamente permeable a los iones de Hidrógeno. Si no fuese por esto, el electrodo podría generar voltaje cuando sea contactado por iones de diferentes tipos. Esto haría que el electrodo dejara de ser específico y por lo tanto de ser útil para las mediciones de pH.

Los procesos de fabricación de vidrios sensibles a pH son secretos comerciales muy bien guardados. Es un arte fabricar electrodos de pH durables, confiables y precisos. Existen tipos de electrodos para diferentes aplicaciones de proceso, incluyendo servicios de alta presión y alta temperatura.

Existe un inconveniente al intentar medir el voltaje a través del grosor de la pared del electrodo de vidrio: aunque se tiene una conexión eléctrica conveniente para la disolución que está al interior del bulbo, no hay lugar para que se pueda conectar el otro terminal de un voltímetro sensible a la disolución exterior al bulbo. Para que se establezca un circuito completo desde la membrana de vidrio y el voltímetro, se debe crear una unión eléctrica de potencial cero con la disolución de proceso. Para lograr esto, se debe usar otro tipo de electrodo llamado electrodo de referencia inmerso en la misma disolución de líquido que el electrodo de medición (Fig. 1.11).

Los electrodos de medición y de referencia constituyen juntos un elemento generador de voltaje sensible al valor de pH de cualquier disolución en la que se sumerja (Fig. 1.12).

La forma más común de una sonda moderna de pH se denomina electrodo de combinación y combina los dos electrodos, el de vidrio de medición y el poroso de referencia en una sola unidad. La foto muestra un electrodo de pH de combinación típico para la industria (Fig. 1.13a).

La tapa plástica de color rojo en el extremo derecho de este electrodo de combinación cubre y protege el conector eléctrico coaxial recubierto de oro, al cual se conecta el indicador de pH (o transmisor).

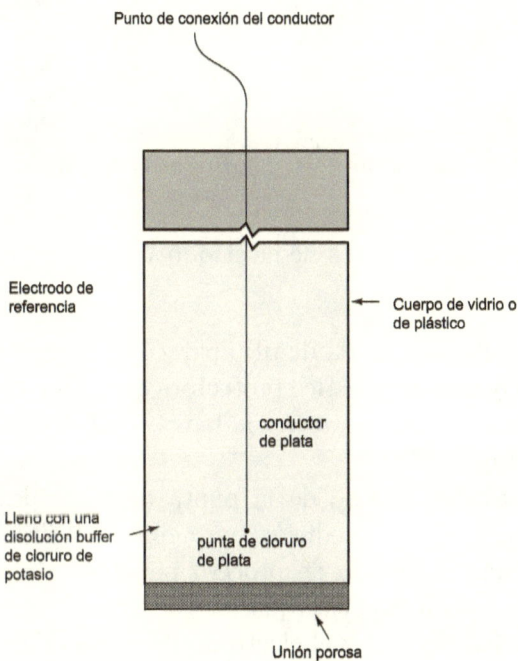

Figura 1.11: Electrodo de referencia

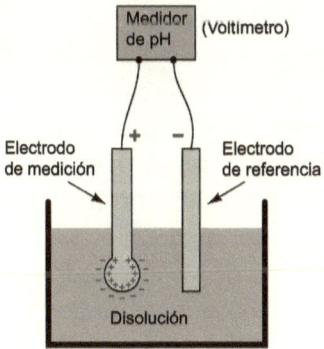

Figura 1.12: Electrodo de medición y de referencia

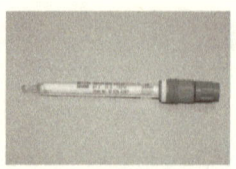 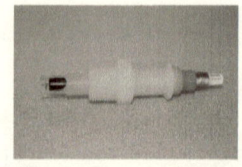

(a) Electrodo de combinación

(b) Sonda de pH sin tapa protectora

Figura 1.13: Fotos de electrodo y sonda de pH

Otro modelo de sonda de pH aparece en la siguiente foto. Aquí, no hay tapa de plástico protectora que cubra el conector de la sonda, lo que permite ver la barra recubierta de oro del conector (Fig. 1.13b).

Una foto de close-up de la punta de la sonda muestra el bulbo de vidrio de medición, un agujero de drenaje *weep hole* para que el líquido de proceso penetre en el conjunto del electrodo de referencia (que está dentro del cuerpo de la sonda plástica blanca) y el electrodo de metal (Fig. 1.14).

Es muy importante mantener siempre húmedo el electrodo de vidrio. La operación adecuada del medidor de pH depende de la hidratación completa del vidrio, lo que permite que los iones de Hidrógeno penetren el vidrio y generen el potencial de Nernst. Las sondas de las fotos anteriores se muestran descubiertas porque ya están secas al haber llegado al fin de su vida útil y ya no importa si les podría afectar o no la deshidratación.

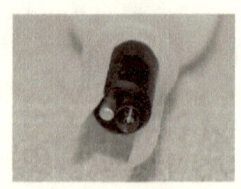

Figura 1.14: Foto de la punta de una sonda de pH

El proceso de hidratación – tan esencial para al trabajo de los electrodos de vidrio – también constituye una forma en que se desgasta el electrodo. Las capas de agua que se vierten en el electrodo consiguen gastarlo con el tiempo aún cuando estén bien hidratados, lo que significa que los electrodos de vidrio de pH tienen una vida limitada aunque sean usados para medir el pH

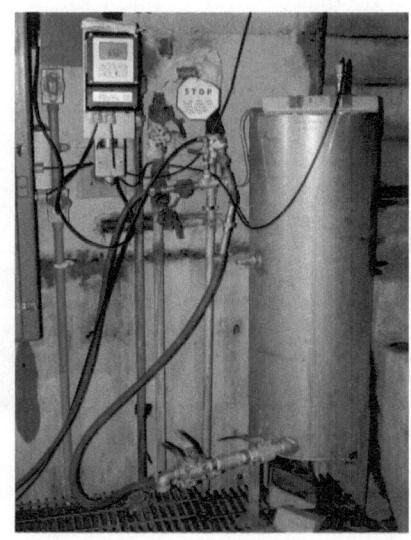

Figura 1.15: Medición de pH en sistemas de aguas residuales

de una disolución de proceso siempre húmedo o si están almacenadas y mantenidas en estado húmedo con una cantidad de hidróxido de potasio colocada cerca de la sonda de vidrio con una tapa en contacto con el líquido. Por tanto, es imposible extender indefinidamente el tiempo de vida útil de un electrodo de vidrio de pH.

Una forma común para instalar una sonda de pH es simplemente colocarla en un tanque que contenga la disolución de interés. Esto es muy común en tratamiento de aguas residuales, donde el agua casi siempre fluye en contenedores abiertos por gravedad hacia la planta de tratamiento. La foto muestra un sistema de medición de pH para la salida de agua (Fig. 1.15).

El agua que fluye desde el tubo de descarga de la planta entra a un tanque de acero *stainless* abierto por encima, donde la sonda de pH cuelga desde un soporte. Una tubería de desborde *overflow* mantiene un nivel de agua máximo en el tanque en la medida que el agua entra en forma continua desde la tubería de descarga. La sonda puede ser fácilmente extraída para mantenimiento (Fig. 1.16).

 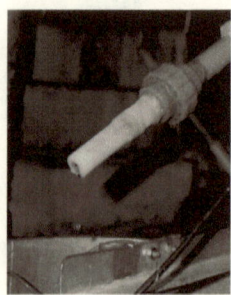

Figura 1.16: Foto de una sonda de pH en un sistema de aguas residuales

Un diseño alternativo de sonda industrial de pH es la de inserción, la cual se diseña para instalarla en una tubería presurizada. Las sondas de inserción están diseñadas para ser extraídas mientras la línea de proceso continua presurizada, esto posibilita las operaciones de mantenimiento sin que sea necesario interrumpir la operación continua (Fig. 1.17).

 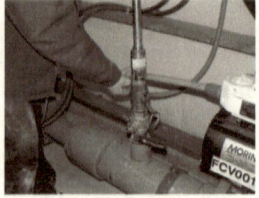

Figura 1.17: Sonda de inserción

La sonda se inserta en la línea de proceso a través de una válvula de bola con codo de 90°. La foto de la izquierda (arriba) muestra la tuerca de retención aflojada, permitiendo que la sonda sea deslizada hacia arriba. La foto de la derecha

Figura 1.18: Detalle de la sonda de inserción

muestra la válvula de bola cerrada para bloquear la presión del líquido de proceso y evitar que escape mientras el técnico desata las presillas que mantienen la sonda unida al elemento de tubería.

Una vez que la presilla es liberada el conjunto completo de la sonda podrá sacarse de la tubería para permitir la limpieza, inspección, calibración y/o reemplazo (Fig. 1.18).

El voltaje producido por el electrodo de medición (membrana de vidrio) es muy pequeño. Un cálculo del voltaje producido por el electrodo de medición inmerso en un disolución que tiene un pH de 6.0 muestra esto. Primero, se debe calcular la concentración (o actividad) de iones de Hidrógeno en la disolución que tiene el pH de 6.0, esto se basa en la definición de pH que consiste en el logaritmo negativo de la molaridad de iones de Hidrógeno:

$$\text{pH} = -\log[\text{H}^+]$$

$$6.0 = -\log[\text{H}^+]$$

$$-6.0 = \log[\text{H}^+]$$

$$10^{-6.0} = 10^{\log[\mathrm{H}^+]}$$

$$10^{-6.0} = [\mathrm{H}^+]$$

$$[\mathrm{H}^+] = 1 \times 10^{-6}\ M$$

Esto muestra que la concentración de iones de Hidrógeno en la disolución que tiene un pH de 6.0 es prácticamente la misma que la actividad de los iones de Hidrógeno de las disoluciones diluidas. En las disoluciones altamente concentradas, la concentración de iones de Hidrógeno, puede ser mayor que la actividad de los iones de Hidrógeno porque los iones pueden comenzar a interactuar entre ellos y con iones de otras sustancias en lugar de actuar como entidades independientes. El cociente de la actividad con respecto a la concentración se denomina coeficiente de actividad del ion en esta disolución. Se sabe que la disolución *buffer* dentro del bulbo de medición posee un valor estable de 7.0 pH (la concentración de iones de Hidrógeno es de $1 \times 10^{-7}\ M$, o 0.0000001 moles por litro), por lo que todo lo que se necesita hacer es insertar estos valores en la ecuación de Nernst para saber cuánto voltaje pueden generar los electrodos de vidrio. Asumiendo una temperatura de disolución de 25° C (298.15 K) y sabiendo que n en la ecuación de Nernst será igual 1 (puesto que cada ion de Hidrógeno tiene un carga eléctrica de valor unitario):

$$V = \frac{2.303RT}{nF} \log\left(\frac{C_1}{C_2}\right)$$

$$V = \frac{(2.303)(8.315)(298.15)}{(1)(96485)} \log\left(\frac{1 \times 10^{-6}\ M}{1 \times 10^{-7}\ M}\right)$$

$$V = (59.17\ \mathrm{mV})(\log 10) = 59.17\ \mathrm{mV}$$

Si la disolución medida hubiese tenido un valor de pH de 7.0 en lugar de uno de 6.0, no podría haber voltaje generado a través de la membrana de vidrio puesto que las actividades iónicas de ambas disoluciones de Hidrógeno serían iguales. Teniendo una disolución con una década (diez veces más: un aumento de exactamente un orden de magnitud) en la actividad iónica comparada con actividad de la disolución *buffer*, produce 59.17 mV a 25 grados Celsius. Si el pH cayese a 5.0 (dos unidades de diferencia con respecto a 7.0 en lugar de una unidad), el voltaje de salida se duplicaría: 118.3 mV. Si el valor de pH de la disolución fuese menos alcalino que el *buffer* interno (por ejemplo, 8.0 pH), el voltaje generado en el bulbo de vidrio sería de polaridad contraria (Ej. 8.0 pH = -59.17 mV; 9.0 pH = -118.3 mV, etc.).

La siguiente tabla (Tab. 1.1) muestra la relación entre la actividad de iones de Hidrógeno, el valor de pH y la sonda de voltaje. El signo matemático de la sonda de voltaje es arbitrario, depende totalmente de si lo que se considera en la ecuación como la referencia *buffer* de la actividad de los iones de Hidrógeno en la disolución sea C_1 o C_2. De cualquier forma en que se decida calcular este voltaje, la polaridad siempre es la opuesta al considerar valores de pH ácidos y alcalinos.

Esta progresión numérica es parecida a la escala de Ritchter que usa para medir magnitudes de sismos, donde cada multiplicación por diez (década) se representa por un incremento adicional de la escala (Ej. Un sismo de grado 6.0 Richter es diez veces más potente que un sismo de grado 5.0). La naturaleza logarítmica de la ecuación de Nernst significa que las sondas de pH (y de todos los sensores potenciométricos basados en la misma dinámica de voltaje producida por el intercambio de iones a través de una membrana) posee una gran *rangeability*: son capaces de representar un amplio intervalo de condiciones con una alcance de voltaje modesto.

Claramente, la desventaja de la alta *rangeability* es la

Tabla 1.1: Relación entre la actividad de iones de Hidrógeno, el valor de pH y la sonda de voltaje

Activ. iones Hidrógeno	pH	V. Sonda (a 25° C)
$1 \times 10^{-3}\ M = 0.001\ M$	3.0 pH	236.7 mV
$1 \times 10^{-4}\ M = 0.0001\ M$	4.0 pH	177.5 mV
$1 \times 10^{-5}\ M = 0.00001\ M$	5.0 pH	118.3 mV
$1 \times 10^{-6}\ M = 0.000001\ M$	6.0 pH	59.17 mV
$1 \times 10^{-7}\ M = 0.0000001\ M$	7.0 pH	0 mV
$1 \times 10^{-8}\ M = 0.00000001\ M$	8.0 pH	-59.17 mV
$1 \times 10^{-9}\ M = 0.000000001\ M$	9.0 pH	-118.3 mV
$1 \times 10^{-10}\ M = 0.0000000001\ M$	10.0 pH	-177.5 mV
$1 \times 10^{-11}\ M = 0.00000000001\ M$	11.0 pH	-236.7 mV

propensión a la ocurrencia de errores de medición de pH grandes cuando el voltaje de detección dentro del instrumento de pH sea un poco impreciso. Este problema empeora por el hecho de que el circuito de medición de voltaje posee un impedancia extremadamente alta debido a la presencia de la membrana de vidrio. El instrumento de medición de pH que reciba la salida de esta sonda debe tener una impedancia de entrada de varios órdenes de magnitud mayor, sino el voltaje de señal de la sonda quedaría cargado por el voltímetro y no sería capaz de medir con precisión.

Afortunadamente, los circuitos amplificadores operaciones modernos que tienen etapas de entrada basadas en transistores de efecto de campo son suficientes para esta tarea (Fig. 1.19).

Aunque se use un instrumento de pH que tenga una alta impedancia de entrada para sensar la salida de voltaje generado por una sonda de pH, aun se tendría un problema causado por la impedancia del electrodo de vidrio, la cual hace crecer una constante de tiempo RC creada por la capacitancia parásita del cable de la sonda, que conecta los

Mediciones de pH

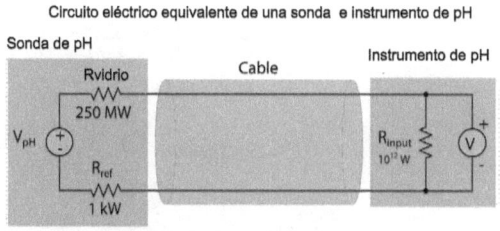

Figura 1.19: Circuito de adaptación de impedancias para sondas de pH

electrodos al instrumento de sensado. Mientras más largo sea este cable, mayor será el problema que se origina por un incremento de capacidad (Fig. 1.20).

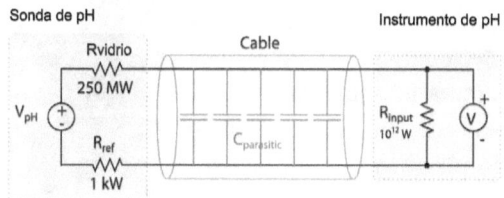

Figura 1.20: Capacidad parásita en las sondas de medición de pH

El valor de la constante de tiempo podría ser significativamente menor cuando el cable sea largo y/o la resistencia de la sonda sea muy grande. Asumiendo una resistencia de electrodo combinada (medición y referencia) de 700 MΩ y un largo de 30 pies de un cable coaxial RG-58U (con 28.5 pF de capacidad por pie), la constante de tiempo será de:

$$\tau = RC$$

$$\tau = (700 \times 10^6 \ \Omega) \left((28.5 \times 10^{-12} \ \text{F/ft})(30 \ \text{ft})\right)$$

$$\tau = (700 \times 10^6 \ \Omega)(8.55 \times 10^{-10} \ \text{F})$$

$$\tau = 0.599 \ \text{segundos}$$

En caso de que se necesiten 5 constantes de tiempo para que un sistema de primer orden alcance el 1% de su valor final después de un cambio de escalón, un cambio súbito de voltaje en la sonda de pH (causado por un cambio brusco de pH) no sería totalmente registrado por un instrumento de pH hasta casi 3 segundos después.

Puede parecer imposible que una capacidad de algunos pico-Faradios pueda generar una constante de tiempo importante, sin embargo es muy posible cuando se considera el valor extremadamente grande de la resistencia de un electrodo de medición de pH de vidrio. Por esta razón, y también para limitar la recepción de ruido eléctrico exterior, se debe mantener el cable entre la sonda de pH y el instrumento tan corto como sea posible.

Figura 1.21: Foto de un pre-amplificador de una sonda de pH

Cuando no se pueda tener un cable corto, se podría usar un módulo pre-amplificador entre la sonda de pH y el instrumento de pH. Esencialmente este dispositivo es un amplificador de ganancia unitaria diseñado para repetir el voltaje de salida débil de la salida de la sonda de pH, en una señal mucho más fuerte (de menor impedancia). Con esto los efectos de la capacidad del cable no serían tan severos. Un circuito de amplificador operacional de ganancia unitaria *buffer* de voltaje ilustra el concepto de un pre-amplificador (Fig. 1.22).

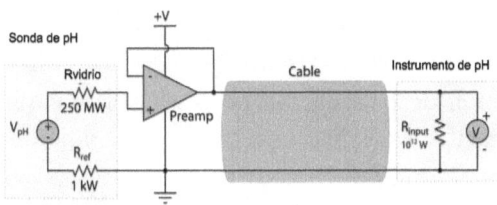

Figura 1.22: Circuito pre-amplificador de una sonda de pH

Un módulo de pre-amplificador se muestra en la siguiente foto (Fig. 1.21).

El pre-amplificador no realiza el fortalecimiento de la salida de voltaje de las sondas. En vez de eso, lo que hace es disminuir la impedancia (resistencia equivalente de Thévenin) de las sondas al proporcionar una salida de voltaje de baja resistencia (capacidad de corriente relativamente alta) para alimentar el cable y el instrumento de pH. Al proporcionar una ganancia de voltaje de 1 y una ganancia de corriente muy grande, el pre-amplificador elimina prácticamente los problemas de la constante de tiempo RC causados por la capacidad del cable y también ayuda a reducir el efecto del ruido eléctrico inducido. Como consecuencia, el límite práctico en el largo del cable se puede extender en varios órdenes de magnitud.

Al re-examinar la ecuación de Nernst se puede constatar que la temperatura tiene un papel en la determinación de la cantidad de voltaje generado por la membrana del electrodo de vidrio. Al realizar los cálculos anteriores se supuso una temperatura de 25 grados Celsius (298.15 Kelvin). Si la disolución no estuviese a temperatura ambiente, la salida de voltaje de la sonda no sería de 59.17 mV por unidad de pH. Por ejemplo, si el electrodo de medición de vidrio estuviese inmerso en un disolución que tenga un valor de pH de 6.0 a

70 grados Celsius (343.15 Kelvin) el voltaje que se generaría en la membrana de vidrio sería de 68.11 mV en vez de 59.17 mV que era el resultado a 25 grados Celsius. Es lo mismo que decir que la pendiente de la función de pH-voltaje sea de 68.11 mV por unidad de pH en lugar de 59.17 mV por unidad de pH a temperatura ambiente.

La porción de la ecuación de Nernst a la izquierda de la función logarítmica define el valor de la pendiente:

$$\text{Potencial de Nernst} = \frac{2.303RT}{nF} \log\left(\frac{C_1}{C_2}\right)$$

$$\text{Pendiente} = \frac{2.303RT}{nF}$$

Note que R y F son constantes fundamentales y que n tiene un valor fijo de 1 por medición de pH (puesto que hay exactamente un electrón intercambiado por cada ión H^+ que migra a través de la membrana). Esto convierte a la temperatura T en la única variable capaz de influir sobre la pendiente teórica de la función.

Para que los instrumentos de pH infieran en forma precisa el valor de pH de la disolución a partir del voltaje generado por un electrodo de vidrio, deben conocer el valor esperado de la pendiente de la ecuación de Nernst. Puesto que la única variable en la ecuación de Nernst que tiene que ver con los valores de concentración iónica C_1 y C_2 es la temperatura T se debe usar un medidor de temperatura simple para que el instrumento de pH sea preciso. Por esta razón muchos instrumentos de pH se construyen previendo que puedan tener una entrada desde una RTD para sensar la temperatura de la disolución y muchas sondas de pH tienen sensores de temperatura RTD interconstruidos y listos para medir la temperatura de la disolución.

Mientras que la pendiente teórica de un instrumento de pH depende solamente de la temperatura, la pendiente real también depende de la condición en que esté el electrodo de medición. Por esta razón, los instrumentos de pH necesitan ser calibrados para que las sondas se puedan conectar a estos.

Un instrumento de pH se calibra generalmente siguiendo un procedimiento de dos puntos de prueba usando una disolución *buffer* como una norma de calibración de pH. Una disolución *buffer* se formula especialmente para mantener estable el valor de pH aún en condiciones de baja contaminación. La sonda de pH se inserta en un recipiente que contiene una disolución *buffer* de un valor de pH conocido, después el instrumento se calibra con ese valor de pH. El proceso de calibración de los instrumentos de pH modernos digitales simplemente consiste en presionar un *pushbutton* en el panel del instrumento que hace que la sonda se estabilice en la disolución *buffer*. Después que se haya establecido el primer punto de calibración, se retira del *buffer* la sonda de pH, se seca y se coloca en otro recipiente que contenga otra disolución *buffer* con otro valor de pH. Después de un período de estabilización, el instrumento de pH se calibra con este segundo valor de pH.

Solamente se necesitan dos puntos para definir una línea por lo que estas dos mediciones de *buffer* es todo lo que se necesita en un instrumento de pH para definir la función de transferencia lineal entre el voltaje de la sonda y la disolución de pH (Fig. 1.23).

La mayor parte de los instrumentos de pH después de transcurrido un tiempo mostrarán el valor de la pendiente calculada. Este valor debiese ser (idealmente) de 59.17 mV por unidad de pH a 25 grados Celsius, pero podría ser un poco menor a eso. La capacidad para generar el voltaje de un electrodo de vidrio decae con el tiempo por lo que una valor de pendiente bajo puede ser indicativo de una sonda que necesite recambio.

Una característica informativa del gráfico de la función de transferencia de voltaje/pH es la ubicación del punto isopotencial: el punto en el gráfico que corresponde a un voltaje nulo en la sonda. En teoría este punto debería corresponder a un valor de pH de 7.0. Sin embargo, si

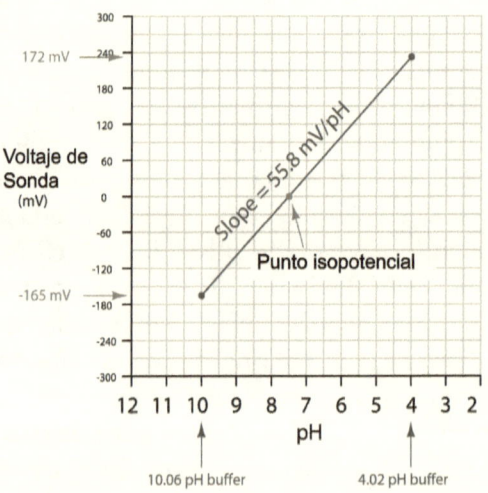

Figura 1.23: Linealidad de la función de transferencia de las mediciones de pH usando *buffer*

existiesen potenciales secundarios en el circuito de medición de pH – por ejemplo, diferencias de voltaje causados por problemas en la movilidad de los iones en la unión porosa del electrodo de referencia, o contaminación de la disolución de *buffer* al interior del bulbo de electrodo de vidrio – este punto podría desplazarse. La contaminación de la disolución *buffer* dentro del electrodo de medición (suficiente para que el valor de pH se aparte de 7.0) también provocará un desplazamiento del punto isopotencial, puesto que la ecuación de Nernst hace corresponder un voltaje nulo cunado las concentraciones de iones en ambos lados de la membrana sean iguales.

Una forma rápida de chequear el punto isopotencial de una sonda de pH es cortocircuitar los terminales de entrada del instrumento de medición de pH (haciendo que la entrada V_{input} sea igual a 0 mV) y anotar la indicación de pH en la pantalla del instrumento. Un prueba más obvia puede ser medir directamente el voltaje de la sonda de pH mientras esté sumergida en un disolución *buffer* con valor de pH de 7.0. Sin embargo, los voltímetros portátiles carecen de una impedancia de entrada lo suficientemente grande para realizar esta medición, por lo que es más fácil normalizar que un instrumento de pH en un *buffer* con pH de 7.0 y entonces chequear el valor de pH que corresponda al voltaje nulo para ver el punto isopotencial. Esta prueba podría ser realizada después de normalizar el instrumento con disoluciones *buffer* con pH preciso. El instrumento caracterizado por el gráfico anterior, por ejemplo, registraría aproximadamente un valor de 7.5 de pH en el momento en que en la sonda haya un potencial de salida de 0 mV.

Cuando se calibra un instrumento de pH, se debiesen escoger *buffers* que están lo más cercano posible al intervalo de medición de pH esperado en el proceso. Los valores de pH más comunes son 4, 7 y 10 (nominales). Por ejemplo, si se pretendiese medir valores de pH en el proceso que vayan desde 7.5 a 9, se debiese calibrar el instrumento de pH usando *buffers* de 7 hasta 10.

1.3 Cromatografía

Imagine una carrera de maratón, donde hay cientos de corredores que ocupan un lugar para competir. Cuando se dé la señal de partida, todos los corredores comenzarían la carrera partiendo del mismo lugar (la línea de partida) al mismo tiempo. En la medida de que la carrera progrese, los corredores más rápidos se distanciarán de los corredores mas lentos, lo cual resultará en una dispersión de corredores en la medida en que la carrera se desarrolle.

Ahora imagine una carrera de maratón donde ciertos corredores comparten exactamente la misma velocidad. Suponga que un grupo de corredores en esta maratón corran a 8 kilómetros por hora exactamente, mientras que otros grupos lo hagan a 6 kilómetros por hora exactamente y un último grupo a 5 kilómetros por hora ¿Qué pasaría con estos tres grupos suponiendo que todos comiencen a correr al mismo tiempo y desde el mismo lugar?

Como se podrá imaginar, los corredores dentro de cada grupo estarán juntos a través de la carrera, mientras que los tres grupos se dispersarán cada vez más con el tiempo. El primero de estos tres grupos en cruzar la meta será el de los corredores de 8 kilómetros por hora, seguido por el grupo de corredores que corren a 6 kilómetros por hora, seguidos a su vez por los corredores de 5 kilómetros por hora. Desde la perspectiva de un observador que esté en el comienzo de la carrera, podría ser difícil predecir cuántos corredores que corren a 6 kilómetros por hora. Exactamente se encuentran entre la multitud de corredores pero, para un observador que esté en la meta con un cronómetro, podría ser muy fácil decir cuántos corredores que corren a 6 kilómetros por hora han competido (para esto se cuentan cuántos corredores cruzan la meta en el tiempo exacto que corresponda a una velocidad de 6 kilómetros por hora).

Ahora imagine una mezcla de químicos en estado de fluido que viajen a través de un capilar muy estrecho lleno con un material poroso e inerte como la arena. Algunas de las moléculas de este fluido tendrían mayor facilidad para moverse en la tubería que otros, con moléculas parecidas teniendo velocidades de propagación parecidas. De esta forma, una muestra pequeña de mezcla química inyectada en un capilar y transportada a lo largo del tubo por un flujo continuo de solvente (gas o líquido), tendería a separarse en sus componentes constituyentes en forma parecida a como ocurre con los corredores de un maratón. Las moléculas más lentas sufrirán mayor tiempo de retención dentro del tubo capilar, mientras que las moléculas que se muevan más rápido sufrirán menos retención. Se puede colocar un detector en la salida del tubo capilar que esté configurado para detectar cualquier químico que no sea el solvente para indicar la salida de diferentes componentes que salen del tubo en momentos diferentes. Si los tiempos de retención de cada componente químico se conocieran antes de la prueba, este dispositivo podría usarse para identificar la composición de la mezcla química original (cuánto de cada componente que está presente en la muestra inyectada).

Esa es la esencia de la cromatografía: la técnica de separación química por demoras de trayectos al interior de un medio estacionario llamado columna. En cromatografía la disolución química que viaja por la columna se denomina fase móvil, mientras que la sustancia sólida y/o líquida que reside dentro de la columna se denomina fase estacionaria.

Los químicos modernos frecuentemente aplican técnicas de cromatografía para purificar muestras químicas y/o para medir la concentración de sustancias químicas diferentes dentro de las mezclas. Algunas de estas técnicas son manuales (como en el caso de la cromatografía de capa delgada) en la que solventes líquidos transportan componentes químicos líquidos a lo largo de una platina cubierta con una recubrimiento inerte como alúmina, donde la posición de las gotas químicas que caen con el tiempo distinguen un componente de otro). Otras técnicas están automatizadas, con máquinas llamadas cromatógrafos que realizan el análisis de trayectorias químicas a través de columnas líquidas tubulares que están estrechamente empaquetadas.

Se ilustra a continuación la secuencia de un cromatógrafo de capa delgada (Fig. 1.24).

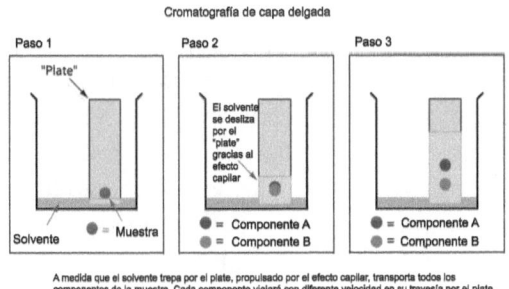

Figura 1.24: Secuencia de un cromatógrafo de capa delgada

El cromatógrafo más simple es capaz de revelar la composición química de la mezcla analizada en la medida que el residuo sea retenido por la fase estacionaria. En el caso de la cromatografía de capa delgada, los diferentes componentes líquidos de la fase móvil permanecen embebidos con la fase móvil en distintas ubicaciones después de que haya pasado suficiente tiempo. Lo mismo es válido para la cromatografía de cinta de papel, donde una cinta de papel de filtro sirve como fase estacionaria a través de la cual viaja la fase móvil (muestra líquida y solvente): los diferentes componentes de la muestra permanecen en el papel como un residuo, sus posiciones relativas a lo largo del papel indican la extensión del viaje durante el tiempo de la prueba. Si los componentes tienen colores diferentes, el resultado será un patrón estratificado de colores en la cinta de papel.Este efecto es particularmente impactante cuando la cromatografía de cinta de papel se usa para analizar la composición de tinta. Es realmente emocionante ver como los diferentes colores están contenidos en la tinta negra.

La mayor parte de los cromatógrafos usan un técnica que permite que la muestra lave completamente un paquete compacto de columnas, descansando en la existencia de un detector en el extremo de la columna para que este indique cuando cada componente haya abandonado la columna. Un esquema simplificado de un cromatógrafo de proceso de gas (GC) muestra como funciona este tipo de analizador (Fig. 1.25).

La válvula de muestreo inyecta periódicamente un cantidad muy precisa de muestra a la entrada del tubo columna y entonces se desbloquea para dejar pasar un flujo constante de portadores que laven el tubo columna en toda su extensión. Cada componente de la muestra viaja a través de la columna a diferentes velocidades saliendo de la columna en instantes diferentes. Todo lo que debe hacer el detector es ser capaz de discriminar la diferencia entre los portadores de gas puros y los portadores de gas mezclados con cualquier otra cosa (componentes de la muestra).

Existen diferentes tipos de detectores para los cromatógrafos de proceso de gas. Los dos

Cromatografía

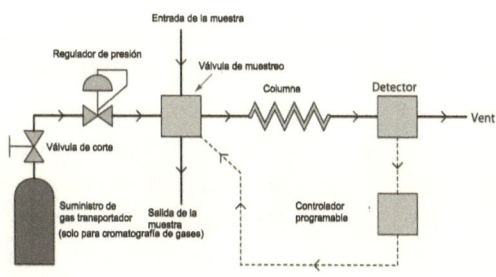

Figura 1.25: Esquema de un cromatógrafo de proceso de gas (GC)

más comunes son los detectores de ionización de llama *flame ionization detector* (FID) y los detectores de conductividad térmica *thermal conductivity detector* (TCD). Otros tipos de detectores son *flame photometric detector* (FPD), nitrogen-phosphorus Detector (NPD) y *electron capture detector* (ECD). Cada tipo de detector explota algún tipo de diferencia física entre los solutos (componentes de la muestra disueltos en los gases portadores) y el gas portador en sí mismo el cual actúa como solvente gaseoso, de tal forma que el detector pueda ser capaz de discriminar la diferencia entre portadores puros y portadores mezclados con soluto.

Los detectores de ionización de llama trabajan bajo el principio de iones liberados durante la combustión de los componentes de la muestra. Una llama permanente (usualmente alimentada con gas Hidrógeno, el cual produce pocos iones durante la combustión) sirve para ionizar cualquier molécula de gas que exista en la columna del cromatógrafo que no sea gas portador. Algunos gases portadores comunes que se usan con sensores FID son Helio y Oxígeno. Las moléculas de gas que contienen Carbono se ionizan fácilmente durante la combustión, lo que hace que el sensor FID sea muy apropiado para el análisis de GC en las industrias petroquímicas, donde el contenido de hidrocarburos es la forma más común de medición analítica.

De hecho, los sensores FID se conocen como contadores de Carbono *carbon counters* porque su respuesta es casi directamente proporcional al número de átomos de Carbono que pasan a través de la llama.

Los detectores de conductividad térmica trabajan bajo el principio de transferencia de calor por convección (enfriamiento por gas). Recuerde la calibración de los caudalímetros de masa térmicos depende del valor del calor específico del gas que se esté midiendo. Mientras mayor sea el valor de calor específico de una gas, mayor será le energía calorífera que puede transportar lejos de un objeto caliente a través de la convección, suponiendo que los otros factores permanezcan sin cambios. Esta dependencia del calor específico significa que se necesita conocer el valor de calor específico del gas cuyo caudal se intenta medir, o la calibración de caudalímetro será un desastre. Aquí, en el contexto de los detectores de cromatógrafos, se explota el impacto del calor específico como en la convección térmica, usando este principio para detectar el cambio en composición de un caudal constante. El cambio de temperatura en un RTD calentado (o termistor), provocado por la exposición a una mezcla de gas con valor de calor específico cambiante, indica cuando un nuevo componente de muestra sale de la columna del cromatógrafo.

Cuando se grafica la respuesta del detector se puede ver un patrón de picos, cada uno de los cuales indica la salida de un grupo componente de la columna. Este gráfico se denomina cromatograma (Fig. 1.26).

Los picos estrechos representa grupos compactos de moléculas saliendo de la columna casi al mismo tiempo. Los picos anchos representan grupos más difusos de moléculas similares (o idénticas). En ese cromatograma, se puede ver que los componentes 4 y 5 no están claramente separados en el tiempo. Si se quisiera aumentar la separación de los componentes sería necesario alterar el volumen de muestra, el caudal de gas, la presión del gas portador, el tipo de gas portador, el material de la columna empaquetada y/o

Cromatografía

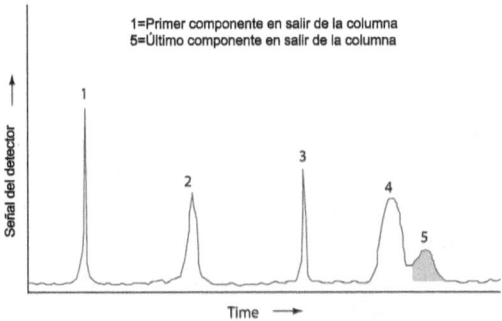

Figura 1.26: Cromatograma

la temperatura de la columna.

Los cambios en la temperatura de la columna (llamado programación de temperatura) se usan comúnmente para alterar los tiempos de retención de diferentes componentes durante un ciclo de análisis, trabajando bajo el principio de que la viscosidad del fluido sea dependiente de la temperatura. Generalmente los líquidos se vuelven menos viscosos cuando se calientan y los gases se vuelven más viscosos cuando se calientan. Entonces, al elevarse la temperatura de la columna en un cromatógrafo de gas se atrasará el último componente (aumento del tiempo de retención) para obtener mejor separación. Puesto que el régimen de flujo de la fase móvil a través de la columna de un cromatógrafo es laminar (definitivamente no turbulento), la viscosidad del fluido juega un papel importante en la determinación del caudal.

Cuando se conozca la velocidad de propagación relativa por anticipado, los picos del cromatógrafo se podrán usar para identificar la presencia de (y las cantidades de) estos componentes. La cantidad de cada componente presente en la muestra original puede ser determinada aplicando la técnica de integración a cada pico del cromatógrafo, para obtener el área bajo la curva. El eje vertical representa la señal del detector y es proporcional a la concentración del componente. La respuesta del detector también varía sustancialmente con el tipo de sustancia que se esté detectando y no solamente con su concentración, la que es proporcional al caudal dado un caudal fijo de portador. Un detector de llama de ionización (FID), por ejemplo, lleva a diferentes respuestas ante un caudal másico dado de Butano C_4H_{10} que ante el mismo caudal másico pero de Metano CH_4, debido a que el cociente de conteo de Carbono por caudal es diferente para cada componente. Esto significa que la misma señal cruda de un sensor FID generada por una concentración de Butano v.s. una concentración de Metano, realmente representa diferentes concentraciones de Butano v.s. Metano en el portador. Esta respuesta inconsistente de un detector cromatógrafo a diferentes componentes de muestra no constituye en realidad un problema. Puesto que la columna del cromatógrafo hace un buen trabajo separando cada componente, se podría programar el computador para que se recalibre a sí mismo para cada componente en el momento en que se espera que salga de la columna. Mientras se conozcan por anticipado las características de respuesta del detector para cada componente que se espera que separe el cromatógrafo, se podrán compensar estas variaciones en tiempo real para que el cromatograma represente consistentemente y con precisión las concentraciones de componentes durante todo el ciclo de análisis. Esto significa que la altura de cada pico representa el caudal de cada componente (W, en unidades de microgramos por minuto, u otra unidad similar). El eje horizontal representa el tiempo, por lo que la integral (suma de productos infinitesimales) de la señal en un intervalo de tiempo de cualquier pico específico (tiempo t_1 a t_2) representa una cantidad de masa que haya pasado a través de la columna. En pocas palabras, un caudal másico (microgramos por minuto) multiplicado por el intervalo de tiempo (minutos) es igual a la masa en microgramos:

Cromatografía

$$m = \int_{t_1}^{t_2} W\, dt \qquad (1.6)$$

Donde,

m = Masa de el componente de la muestra en microgramos

W = Caudal instantáneo de cadual másico de un componente de muestra en microgramos por minuto

t = Tiempo en minutos (t_1 y t_2 son los instantes de tiempo que definen el intervalo en que se calcula la masa)

Como en el caso de todos los ejemplos de integración, las unidades de medición del resultado totalizado es el producto de la unidades dentro del integrando: caudal W en unidades de microgramos por minuto multiplicado por incrementos de tiempo dt en minutos, sumados juntos en el intervalo $\int_{t_1}^{t_2}$, lo que resulta en una cantidad de masa m expresada en unidades de microgramos. La integración realmente no es más que la suma de productos, el análisis dimensional se aplica como lo haría con cualquier producto de dos magnitudes físicas:

$$\left(\frac{[\mu g]}{[\min]}\right)[\min] = [\mu g] \qquad (1.7)$$

La relación matemática puede ser vista en forma gráfica al sombrear el área bajo el pico del cromatograma (Fig. 1.27).

Puesto que los cromatógrafos de proceso tienen la habilidad para analizar en forma independiente las magnitudes de múltiples componentes de una muestra química, estos instrumentos son inherentemente multivariables. Una sola señal analógica (4-20 mA) solamente podría ser capaz de transmitir información acerca de la concentración de cualquier componente individual (cualquier pico individual) del cromatograma. Esto es perfectamente adecuado si solo interesase conocer la concentración de un único componente, sino que es necesario usar alguna forma de transmisión digital analógica para emplear al máximo el cromatógrafo.

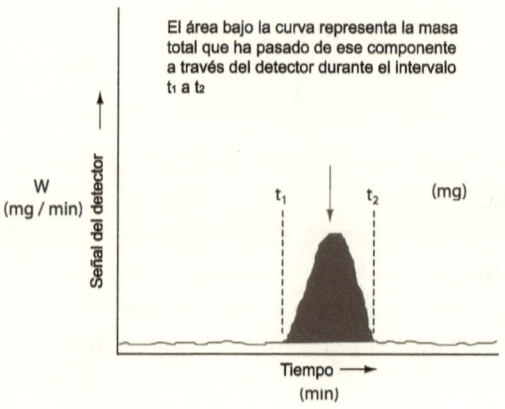

Figura 1.27: Cromatograma y su interpretación matemática

Los cromatógafos modernos son inteligentes, ya que tienen uno o más computadores digitales que realizan los cálculos necesarios para obtener mediciones precisas de datos de cromatogramas. La potencia computacional de los cromatogramas modernos puede ser usada para analizar la muestra de proceso más allá de la determinación simple de concentraciones. Los ejemplos de análisis más abstractos incluyen el valor aproximado de octanaje de la bencina basado en la concentración relativa de algunos componentes, en la determinación del valor calorífico del Gas Natural basado en la concentración relativa de Metano, etano, Propano, Butano, Dióxido de Carbono, Helio, etc. en una muestra de Gas Natural.

La siguiente foto muestra una cromatografía de gas (GC) cumpliendo en forma precisa este propósito – la determinacion del poder calorífico del Gas Natural (Fig. 1.28).

Este GC en particular es usado por una compañía de distribución de Gas Natural como parte de sus sistema de facturación. El valor calorífico del Gas Natural se usa como dato para calcular el valor de venta del Gas Natural (dólares

Cromatografía

Figura 1.28: Determinación del poder calorífico del Gas Natural

por pie cúbico normalizado) por lo que los clientes pagan solamente por los beneficios reales del gas (su capacidad para hacer de combustible) y no la magnitud volumétrica o másica. Ningún cromatógrafo puede medir directamente el valor calorífico del Gas Natural, pero el proceso analítico de la cromatografía puede determinar las concentraciones relativas de compuestos dentro del Gas Natural. Un computador puede tomar estas mediciones de concentración para mutliplicarlas individualmente por su valor calorífico para derivar el valor calorífico del Gas Natural.

Aunque no se pueda ver la columna en la foto del GC, se pueden ver algunas botellas de acero de alta presión que mantienen el gas usado para lavar la muestra de Gas Natural a través de la columna.

Una columna típica de cromatógrafo de gas se muestra en la siguiente foto. No es nada más que un tubo de acero *stainless* empaquetado con un material de relleno poroso e inerte (Fig. 1.29).

Esta columna GC en particular tiene 28 pies de largo, con un diámetro externo de solamente 1/8 de pulgada (el diámetro dentro del tubo es aún menor que eso). La

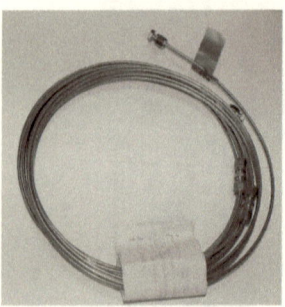

Figura 1.29: Foto de una columna de cromatógrafo

geometría de la columna y del material de empaquetamiento puede variar mucho con la aplicación. La gran diversidad de diseños de columnas obliga a que sea un especialista el que tenga que elegir una, no el técnico ni el ingeniero de proceso no especialista.

El componente más importante de un cromatógrafo de gas es la válvula de muestreo. Su propósito es inyectar cantidades exactas de muestra en la columna al comienzo de cada ciclo. Si la cantidad de muestra variase, las magnitudes medidas que salen de la columna podrían cambiar de ciclo en ciclo, aún si la composición de la muestra no cambiara. Si el tiempo del ciclo de la válvula no fuese el mismo, la eficiencia de separación de los componentes variará de un ciclo a otro. Si la válvula tuviese un salidero de tal forma que la muestra penetrase constantemente a la columna, el resultado (en el mejor caso) sería una señal base en el detector que corrompería totalmente el análisis (en el peor caso). Muchos problemas de cromatógrafos de proceso son causados por irregularidades en la válvula de muestreo.

Un tipo común de válvula de muestreo usa un elemento rotatorio para intercambiar puertos de conexión entre la corriente de gas de muestra, de gas portador y la columna (Fig. 1.30).

Hay tres ranuras que conectan tres pares de puertos.

Cromatografía

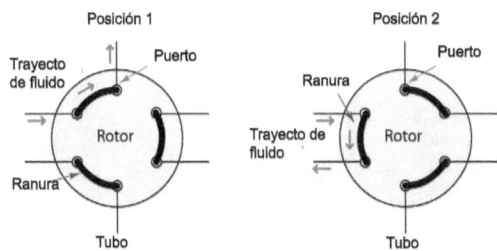

Figura 1.30: Válvula de muestreo de un cromatógrafo

Cuando la válvula rotatoria actúa, las conexiones de puertos se intercambian, redirigiendo el flujo de gas.

Al estar conectada a una corriente de muestra, a otra de portador y a la columna, la válvula de muestreo rotatoria opera en dos modos diferentes. El primer modo es la posición de carga donde la corriente de flujo se dirige hacia un tubo corto (llamado *sample loop*) y sale hacia un puerto de descarga mientras que el gas portador fluye hacia la columna para lavar la última muestra. El segundo modo se denomina posición de muestreo, donde el volumen de gas de muestra que están en el *sample loop* se inyecta en la columna seguido por un flujo de gas portador (Fig. 1.31).

El objetivo de un tubo *sample loop* es ser un contenedor de una cantidad fija de gas de muestra. Cuando la válvula de muestreo pasa a la posición de muestreo, el gas portador vacía el *sample loop* haciendo que el gas entre por el frente de la columna. Esta configuración de válvula no varía a pesar de las variaciones inevitables en el instante de actuación de la válvula de muestreo. La válvula de muestreo solamente necesita estar en la posición de muestreo el tiempo suficiente para que se vacíe totalmente el *sample loop* y para garantizar que se inyecte la cantidad correcta de volumen de gas de muestra.

Mientras esté en la posición de carga, la corriente de gas muestreada desde el proceso llena continuamente el *sample*

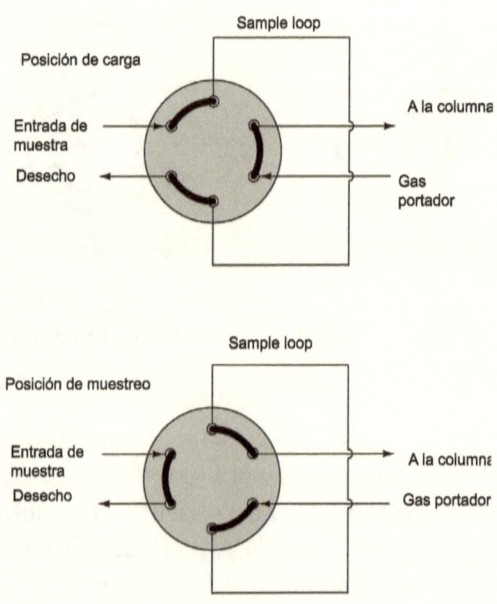

Figura 1.31: Modos de muestreo de un cromatógrafo

loop y entonces sale hacia un puerto de desecho. Esto puede parecer innecesario pero de hecho, es un factor esencial para la operación práctica del muestreo. El volumen de gas inyectado en la columna del cromatógrafo durante cada ciclo es tan pequeño (se mide en unidades de microlitros) que es necesario que un flujo continuo de gas de muestra fluya hacia un puerto de desecho para vaciar los capilares que conectan el analizador al proceso, lo que, a su vez, es necesario para que el analizador trabaje en condiciones de flujo. Si no hubiese un flujo continuo de gas de muestra hacia el puerto de desecho, sería necesario emplear mucho tiempo para que una muestra de proceso viaje a través de los capilares hacia el analizador para ser muestreado (Fig. 1.32).

Aún cuando haya un flujo continuo en el capilar, el cromatógrafo de proceso muestra un tiempo muerto apreciable en su análisis por la razón simple de que es

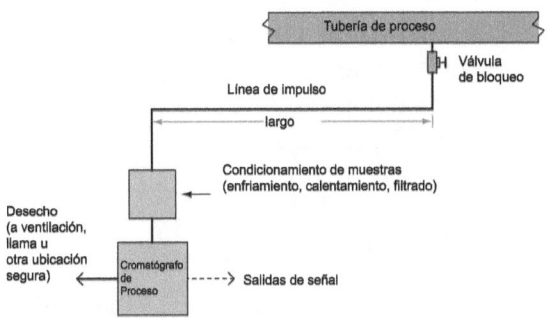

Figura 1.32: Funcionamiento de un cromatógrafo de gases

necesario esperar a que la siguiente muestra avance a través de la extensión de la columna. Este tiempo muerto es consecuencia natural del principio de funcionamiento del cromatógrafo, sin embargo es una característica perjudicial en cualquier instrumento de medición, en particular cuando existe un lazo de control realimentado, porque puede hacer aumentar mucho la posibilidad de inestabilidad.

Una forma de reducir el tiempo muerto de un cromatógrafo es alterar algunos de los parámetros de operación durante el ciclo de análisis de tal forma que se acelere el avance de la fase móvil durante períodos de tiempo donde la lentitud del eluente (gas o líquido portador) no sea importante para la separación fina de los componentes. El caudal de la fase móvil puede ser alterado, la temperatura de la columna puede ser elevada o disminuida en forma de rampa y algunas columnas pueden ser puestas en la corriente de la fase móvil. En cromatografía, a esta alteración en línea de estos parámetros se le denomina programación. La programación de temperatura es una característica especialmente popular de los cromatógrafos de proceso de gas, debido al efecto directo de la temperatura en la viscosidad del flujo de gas Una buena forma de optimizar las propiedades de separación y tiempos de demora de una columna es cambiar cuidadosamente la temperatura de un columna GC mientras una muestra la lava, de esta forma se combinan las propiedades de buena separación que posee una columna larga y de tiempo muerto reducido que corresponden a una columna mucho más corta.

1.4 Análisis óptico

Es sabido que la luz interactúa con la materia en formas muy específicas, esto puede ser explotado como un medio para medir la composición de gases y líquidos. Cada simple muestra de sustancia a ser analizada es estimulada con luz, o viceversa: una fuente estable de luz se hace pasa a través de una muestra transparente o se hace reflejar desde una muestra opaca. Las frecuencias específicas (colores) de la luz que se obtienen desde estos análisis se usan para identificar los elementos químicos y/o los componentes presentes en la muestra y las intensidades relativas de cada patrón espectral indican la concentración de estos elementos y componentes.

Las bases teóricas para el análisis óptico es la interacción entre partículas cargadas de materia y la luz. La cual puede ser modelada como partícula (llamado fotón) o como una onda electromagnética con frecuencia f y una longitud de onda λ. Debido a Max Planck y Albert Einsten se sabe que hay una proporción entre la frecuencia de una onda luminosa y la cantidad de enrgía que cada fotón transporta E. Esta proporción se conoce como la contante de Planck: h:

$$E = hf \qquad (1.8)$$

Donde,
E = Energía transportada por un fotón de luz (joules)
h = Constante de Planck (6.626×10^{-34} joule-segundos)
f = Frecuencia de la onda de luz (Hz, o 1/segundos)
Si ocurriese que la cantidad de energía transportada por un fotón fuese igual a la energía requerida para hacer que

el electrón saltase desde un nivel de energía a otro, el fotón seria consumido por el trabajo de esta tarea cuando impacte el átomo. Inversamente, cuando el electrón retorne a sus nivel de energía original (menor energía) en el átomo liberará un fotón que tenga la misma frecuencia que el fotón que había originalmente desplazado al electrón.

Debido a que la configuración de los electrones de cada elemento es única, el color de la luz que se requiere para potenciar los niveles de energía de los electrones y el color de la luz que emiten esos átomos cuando los electrones retornen a sus niveles de energía originales son la huella óptica que permite identificarlos.

Cuando se estudia el espectro de la luz visible (un intervalo de longitudes de onda que va desde 400nm a 700nm, que corresponde al intervalo de frecuencias que va desde 4.29×10^{14} Hz to 7.5×10^{14} Hz) emitido por un cuerpo negro. La Física llama cuerpo negro a un emisor perfecto de radiación electromagnética (fotones) cuando es calentado. La intensidad de la luz que emite es función de la longitud de onda λ y de la temperatura T, es:

$$I = \frac{2\pi hc^2 \lambda^{-5}}{e^{hc/\lambda kT} - 1} \tag{1.9}$$

Cuando es calentado a la temperatura de 5700 Kelvin se puede ver un espectro continuo de color desde el violeta a la izquierda (longitud de onda corta, alta frecuencia y energía) hacia el rojo, en el lado derecho (longitud de onda larga, baja frecuencia, baja energía). En la ilustración se muestra la pantalla de un programa llamado Spectrum Explorer (SPEX) que mapea el espectro de color y la intensidad de la radiación a través de un intervalo de longitudes de onda (Fig. 1.33).

A menos que la luz que provenga de un cuerpo negro calentado pase a través de algún dispositivo que la separe en sus colores constituyentes, el ojo humano las unirá y solamente percibirá el color blanco. Así, se puede usar el término luz blanca para referirse a una mezcla igualitaria

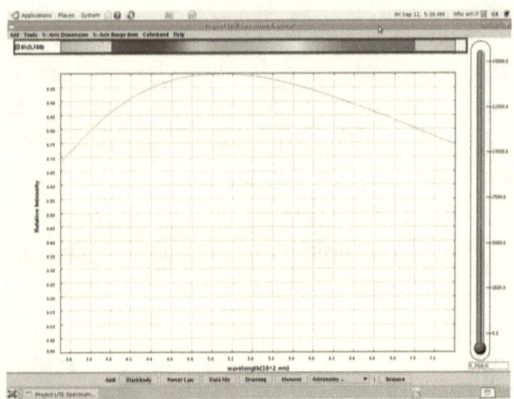

Figura 1.33: Spectrum Explorer (SPEX) mapea el espectro de color y la intensidad de la radiación a través de un intervalo de longitudes de onda

que cubre el espectro visible. Las áreas grises en el extremo izquierdo lejano y derecho lejano representan las regiones del ultravioleta e infrarrojo, respectivamente. El cuerpo negro calentado a 5700K emite cantidades sustanciales de radiaciones ultravioleta e infrarrojas, pero esta radiación es invisible al ojo humano.

Si se tomara una muestra de gas Hidrógeno puro y se calentara usando un arco eléctrico (dentro de un tubo de vidrio), los electrones de los átomos de Hidrógeno serán forzados a estar en estados energéticos más altos cuando pasen a través del gas. Cuando estos electrones vuelvan a sus estados originales emitirán fotones en sus longitudes de onda característica (color). Esas longitudes de onda no cubren el espectro visible al igual que ocurre con el cuerpo negro y apenas se ven como líneas en el espectro visible o como picos en un gráfico de intensidad (Fig. 1.34).

La luz emitida por un tubo de descarga de Hidrógeno luce rojo brillante al ojo humano porque esta es la longitud de onda predominante en la emisión. Los otros colores tienden

Análisis óptico

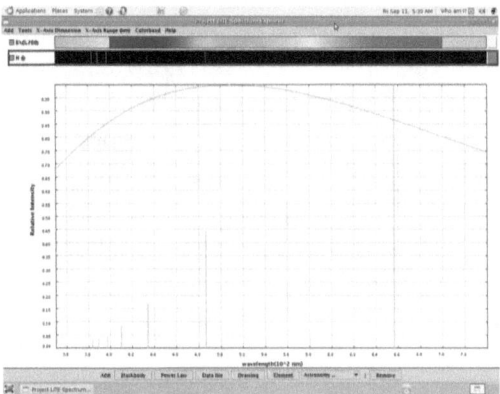

Figura 1.34: Espectro de líneas

a ser tapados por el rojo, pero se podrían observar si se hiciese pasar la luz a través de un prisma o a través de una red de difracción que lo separe en sus colores constituyentes.

Este conjunto particular de líneas es único para el Hidrógeno y puede ser usado para identificar la huella de Hidrógeno si se encuentra en la emisión espectral de cualquier muestra química generada por el mismo método.

Un método alternativo para hacer que una cantidad de gas de Hidrógeno genere colores específicos de luz, es hacer pasar luz blanca a través de una muestra de gas Hidrógeno y entonces ver cuales colores son absorbidos por el gas. Como se ha mencionado, los fotones que tengan la energía necesaria (frecuencias) serán consumidos por el trabajo de elevar los electrones de los átomos de Hidrógeno a nivel energéticos más altos, dejando líneas oscuras en un espectro que, de otra forma, sería continuo desde el violeta hasta el rojo. Esto se denomina espectro de absorción, en contraste con el anterior que se denomina espectro de emisión. El espectro de emisión es obtenido por la energización eléctrica de los átomos de un elemento para que emitan luz.

La siguiente ilustración muestra los tres espectros: el

espectro de color total (luz blanco) en el extremo superior, el espectro de emisión del gas Hidrógeno en el medio y el espectro de absorción del gas Hidrógeno en el extremo inferior. Note como hay tonos oscuros en las posiciones y colores de las líneas brillantes en el espectro de emisión, porque las longitudes de onda de luz absorbidas cuando el gas pasa a través de la luz blanca, son exactamente las mismas longitudes de onda emitidas por el gas Hidrógeno, cuando es estimulado por las chispas eléctricas en un tubo de gas (Fig. 1.35).

Figura 1.35: Tres tipos de espectros

Las líneas oscuras que se ven en el espectro de absorción constituyen una huella distintiva del elemento de Hidrógeno y puede usarse para detectar la presencia de gas de Hidrógeno en las muestras por las que se hace pasar la luz blanca.

Normalmente, en el análisis industrial se está más preocupado de cuantificar la presencia de ciertos compuestos en la muestra de proceso que en la de ciertos elementos (químicos). Afortunadamente, las moléculas poseen un comportamiento distintivo propio al interactuar con la luz. Alguna veces, estas interacciones adoptan la forma de vibraciones y rotaciones entre los átomos de una molécula, usualmente con fotones en el intervalo infrarrojo. Cuando un fotón infrarrojo de la longitud de onda correcta (valor de energía) impacte en la molécula apropiada, su frecuencia resonará con los átomos unidos, casi como si estos actuasen como masas minúsculas conectadas entre sí por resortes embobinados. Esto hace que haya transferencia de energía desde el fotón a la molécula, donde la energía de la vibración se disipará en algún momento en forma de calor.

Así, el brillo de una luz brillante infrarroja y/o violeta que pase a través de un muestra de gas de proceso, y el análisis de cuáles longitudes de onda son absorbidas por esa muestra de gas, pueden proporcionar mediciones cuantitativas de la concentración de ciertos tipos de gas en esa muestra.

Se muestran algunos tipos de espectros de absorción infrarroja de componentes industriales comunes en los que la frecuencia se muestra en términos de longitud de onda (el número de longitudes de onda por centímetro). Note que los espectros de absorción no están en la misma escala sino que cada uno se dibuja en un escala diferente para mostrar el tamaño relativo de los puntos de absorción diferentes *dips* a lo largo del espectro de la sustancia (Fig. 1.36).

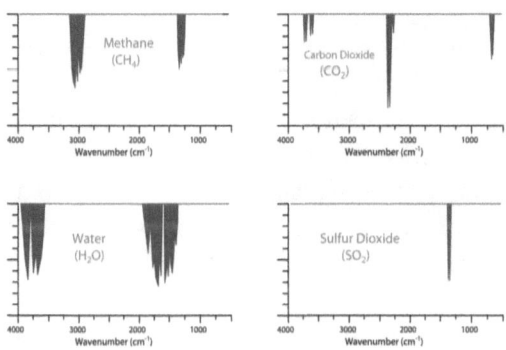

Figura 1.36: Espectros de absorción

Note que el patrón de absorción de cada espectro es único. Cada compuesto tiende a absorber luz infrarroja de una forma única y estos patrones de absorción ofrecen una identificación selectiva de la presencia de varios compuestos en una muestra de fluido de proceso.

Los tipos de moléculas más efectivos en la absorción de luz infrarroja son aquellos que tienen de tipos de átomos como Monóxido de Carbono CO, Dióxido de Carbono CO_2, Dióxido de Sulfuro SO_2, vapor de agua H_2O y óxidos de Nitrógeno NO_x. Las moléculas formadas por dos átomos del mismo tipo, tales como Oxígeno molecular O_2, Nitrógeno N_2, e Hidrógeno H_2 casi no interactúan con la luz infrarroja. Esto es una buena observación en el caso del análisis infrarrojo, porque muchas aplicaciones de monitoramiento de procesos se enfocan especialmente en los compuestos mencionados en primer lugar y excluyen los segundos. Cuando se examinan las emisiones de escape de un sistema de combustión grande, por ejemplo, se usa una aplicación donde son relevantes las concentraciones de CO, CO_2, SO_2 y/o NO_x pero no las de N_2. Como en el caso del análisis químico, el truco es encontrar alguna propiedad de medición aplicable solo a la sustancia que se quiere medir y no a las otras. Esta es la única forma en que los instrumentos analíticos puedan discriminar entre la sustancia de interés y las otras sustancias de fondo *background*.

Entre el análisis de emisión y el de absorción óptica es más popular el de absorción, el de emisión está limitado a aplicaciones de laboratorio. Un motivo para que esto sea así, es que es necesario calentar la muestra a una temperatura alta para que pueda emitir luz: es algo peligroso y que consume mucha energía. Los analizadores de absorción solo necesitan el brillo de un haz de luz a través de un cámara de muestreo sin calentar, después de lo cual miden cuánta longitud de onda es absorbida por la muestra. Otra razón importante para la preferencia de analizadores de absorción es la necesidad de computadores sofisticados y de algoritmos para ordenar los espectros de línea de las sustancias que generan los analizadores de espectros de emisión. Se han diseñado formas inteligentes para cuantificar los espectros de absorción de diferentes sustancia de proceso sin tener que acudir al uso del casamiento de patrones automatizado *pattern-matching*.

En cada analizador óptico de absorción, la ecuación principal que relaciona la absorción del fotón con la concentración de la sustancia es la ley de Beer-Lambert:

$$A = abc = \log\left(\frac{I_0}{I}\right) \qquad (1.10)$$

Donde,

A = Absorción

a = Coeficiente de extinción de sustancias que absorben fotones

b = Extensión de la trayectoria que sigue la luz en la muestra

c = Concentración en la muestra, de la sustancia absorbedora de fotones

I_0 = Intensidad de la fuente de luz incidente

I = Intensidad de la luz recibida I = Intensidad de la luz recibida después de pasar por la muestra

Se presenta un ejemplo de una muestra de fluido (líquido o aire) que se expone a la luz (Fig. 1.37).

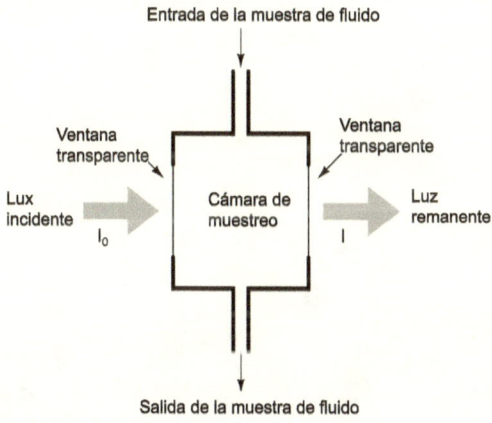

Figura 1.37: Muestra de un fluido expuesto a la luz

Como se indica en la ecuación de Beer-Lambert, la mejor sensibilidad se obtiene con el trayecto más extenso. En algunas aplicaciones donde la sustancia de interés sea un contaminante atmosférico, el haz de luz simplemente se dispara a través de aire abierto (usualmente se hace reflejar en un espejo) antes de que retorne al instrumento para su análisis. Si la fuente de luz es un láser, la distancia podría llegar a ser muy larga – en uno de estos analizadores se puede llegar a tener 1320 pies para poder medir una concentración extremadamente baja de gas.

Una vez que la luz haya pasado (o se haya reflejado en) la muestra de proceso debe ser analizada para buscar las longitudes de onda atenuadas. Existen dos tipos de análisis de longitudes de onda: dispersivo (donde la luz se separa en las longitudes de onda constituyentes) y no dispersivos (donde la distribución espectral de las longitudes de onda es detectada sin separación de colores. Estos dos métodos de análisis ópticos se verán a continuación.

1.4.1 Espectroscopía dispersiva

La dispersión de luz visible en sus colores constituyentes va más allá del siglo XVII con los experimentos de Isaac Newton, quien usó un prisma para generar un arcoiris de colores (Fig. 1.38).

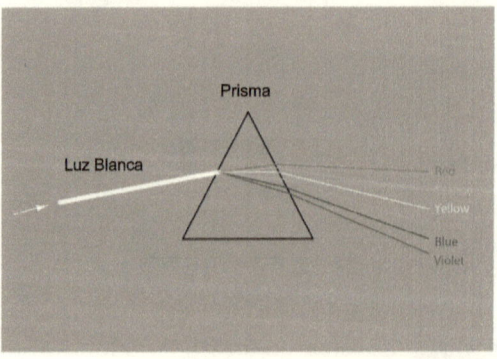

Figura 1.38: Dispersión de la luz visible

Una variación al tema del prisma de vidrio sólido es usar una rejilla delgada que provoque que la luz de diferentes longitudes de onda se curven cuando pasen a través de una serie de ranuras finas (Fig. 1.39).

Análisis óptico

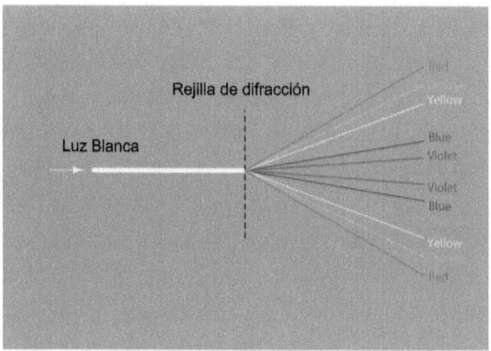

Figura 1.39: Rejilla de difracción

Algunos analizadores dispersores utilizan una rejilla de reflexión en lugar de una rejilla de refracción. Las rejillas de reflexión usan líneas finas esculpida en un superficie reflectante para producir un efecto dispersivo equivalente a la difracción (Fig. 1.40).

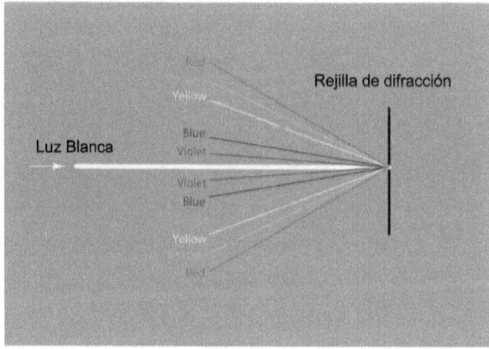

Figura 1.40: Rejilla de difracción por reflexión

En 1814, el físico alemán Joseph von Fraunhofer analizó el espectro de colores que se obtiene desde la luz del Sol y notó la existencia de algunas bandas oscuras en el espectro que supuestamente era continuo: algunos colores parecían atenuados. Un siglo después el físico francés Jean Bernard Léon Foucault y el físico alemán Gustav Robert Kirchoff confirmaron el mismo efecto cuando la luz blanca pasaba a través de Vapor de Sodio. Ellos razonaron correctamente que el núcleo del Sol producía un espectro continuo de luz (todas las longitudes de onda) debido a su calor intenso, pero existen ciertos elementos gaseosos (incluyendo Sodio) que están en un atmósfera más fría en la atmósfera exterior del sol, donde absorben algunas longitudes de onda, lo que causa las líneas de Fraunhofer en el espectro observable. Estos científicos observaron el mismo patrón de absorción (líneas oscuras) en el espectro del Sol y en las pruebas de absorción con Sodio. Estos experimentos indicaron que se puede identificar correctamente elementos gaseosos a millones de kilómetros de la Tierra.

Este tipo de análisis espectrográfico se denomina dispersivo porque está basado en un dispositivo como un prisma o una rejilla de difracción que disperse las diferentes longitudes de onda de la luz, de tal forma que puedan ser medidas cada una por separado.

Se puede construir un analizador dispersivo para los fluidos de proceso, en el que se introduzca la luz en una cámara de muestreo con ventana, en la que algunas longitudes de onda de la luz podrían ser atenuadas por la interacción con las moléculas de fluido de proceso. Se muestra un caso hipotético de una muestra que absorbe algunas longitudes de onda de luz amarilla, lo que resulta en menor luz amarilla impactando el detector (Fig. 1.41).

La fuente de luz no necesita generar luz blanca si las longitudes de interés no estuviesen en todo el espectro visible. Por ejemplo, si se supiese que el espectro de absorción de una sustancia en particular estuviese principalmente limitado a luz infrarroja y no en el espectro visible, podría ser suficiente usar un analizador dispersivo con una fuente de luz infrarroja, en lugar de una fuente de luz de espectro amplio que cubra

Análisis óptico

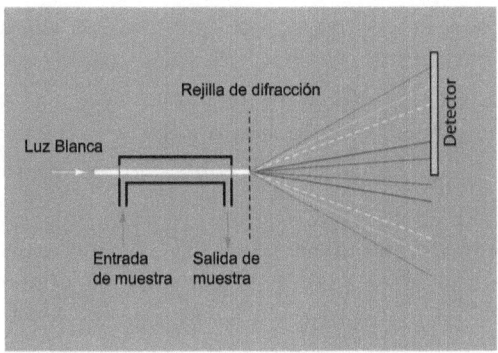

Figura 1.41: Analizador dispersivo

los intervalos visibles e infrarrojos.

Un componente necesario de un analizador dispersivo es un computador que se conecta al detector para que pueda reconocer todos los patrones espectrales de emisión que se esperan y cuantificarlos basado en la fuerza relativa de las longitudes de onda detectadas. Este nivel de sofisticación va más allá de lo requerido por los instrumentos de medición industrial, lo que es una de las razones por la que los analizadores dispersivos no son tan populares (aún) para su uso en los procesos industriales. Si embargo, una vez que se instale un computador para hacer los análisis se pueden medir muchas sustancias a partir de un solo espectro de absorción. Al igual que los cromatógrafos, los analizadores dispersivos ópticos funcionan en forma natural como dispositivos de medición multicomponentes.

1.4.2 Espectroscopía no dispersiva

Los analizadores industriales no dispersivos típicamente usan fuente de luz ultravioleta o infrarroja, porque la mayor parte de las sustancias de interés absorben longitudes de onda en esas porciones del espectro que en la porción visible del espectro. La espectroscopia no dispersiva que usa luz infrarroja se denomina abreviadamente NDIR mientras que la espectroscopía no dispersiva que usa luz ultravioleta se denomina NDUV, y la que usa luz visible se denomina NDVIS. La técnica NDIR es la más usada y el análisis de gases es la aplicación más común de la espectroscopía no dispersiva en la industria, al contrario del análisis de los líquidos.

El desafío de cualquier tecnología de medición analítica es cómo obtener selectividad: el instrumento analizador debe responder a la concentración de solamente UNA sustancia en la mezcla. Si la sustancia de interés mostrase alguna propiedad física única se podría medir rápidamente con sensores. El problema de selectividad en este caso es fácil de resolver: solamente se debe medir esa propiedad exclusivamente para que no haya interferencia de otra sustancia.

En el caso de los espectrómetros de absorción, tales como los analizadores no dispersivos, el desafío es medir selectivamente la concentración de ciertas sustancias absorbedoras de luz en la presencia de otras sustancias que también absorben ciertas longitudes de onda. Si la sustancia de interés es la única sustancia presente en la mezcla, capaz de absorber luz, la selectividad estaría garantizada. Sin embargo, las aplicaciones en la industria no son tan fáciles, con mezclas que contienen otras sustancias aparte de la de interés. Algunas de estas sustancias pueden absorber totalmente diferentes longitudes de onda de luz, mientras otras pueden tener bandas de absorción que se sobrepongan a la banda de absorción de la sustancia de interés (la sustancias interferentes absorben algunas de las mismas longitudes de onda que absorbe la sustancia de interés, además de absorber otras longitudes de ondas).

Los espectrógrafos dispersivos obtienen selectividad separando el espectro en sus longitudes de onda individuales y midiéndolas una por una. Un analizador no dispersivo debe distinguir de alguna forma diferentes respuestas espectrales sin tener que separar las longitudes de onda. A seguir la

Análisis óptico 59

descripción de este proceso con la técnica NDIR.

Vea los intervalos de medición y los gases de interés que pueden soportar los analizadores NDIR (Fig. 1.2).

Analizador simple de haz único

Al igual que el análisis dispersivo, el análisis no dispersivo comienza con un haz de luz que pase a través de una muestra de sustancia, frecuentemente encerrada en una cámara de muestreo con ventana, llamada celda. Ciertos tipos de gas introducidos en la celda absorben parte de la luz incidente, haciendo que la luz que salga de la celda carezca de ciertas longitudes de onda. En la medida en que la concentración de cualquier gas absorbente de luz aumente en la celda, un detector ubicado en el otro extremo de la celda recibirá menos o más luz en las longitudes de onda absorbidas. El estilo más simple de un analizador no dispersivo usa una fuente de luz única, que brilla continuamente a través de una celda de gas única y que impacta una termopila pequeña que convierte la luz infrarroja recibida en calor y luego en voltaje (Fig. 1.42).

Figura 1.42: Analizador no dispersivo

Este analizador tiene muchos problemas. Primero, no es selectivo: cualquier gas absorbente de luz que entre a la celda de muestra causará un cambio en la señal del detector sin importar el tipo de gas de que se trate. Esto podría funcionar bien en una aplicación en la que el gas de interés absorba luz en el mismo intervalo de longitud de onda que

Tabla 1.2: Intervalos de medición y gases de interés que pueden soportar los analizadores NDIR

Gas interés	Intervalo	Otros gases presentes
Monóxido Carbono	0 to 0.05% 0 to 0.1%	Hidrógeno
Monóxido Carbono	0 to 30%	Nitrógeno, Metano, Etano
Dióxido Carbono	0 to 0.1%	Aire atmosférico (Nitrógeno, Oxigeno, Argón)
Dióxido Carbono	0 to 0.5%	Hidrógeno, Metano, Etileno
Dióxido Carbono	0 to 2%	Acetileno
Dióxido Carbono	0 to 10%	Acetileno, Etileno
Acetileno	0 to 2%	Hidrógeno, Etileno, Metano, Etano
Acetileno	0 to 5%	Etileno
Acetileno	0 to 10%	Etileno, Metano, Etano
Acetileno	0 to 40%	Etileno, Propileno, Metano, Etano
Acetileno	30 to 80%	Hidrógeno, Etileno, Metano, Etano
Acetileno	50 to 100%	Etano, Propileno, Metano, Etano Etileno, Etano, Metano Hidrógeno, Etileno, Metano, Etano
Butadieno	0 to 1%	Aire atmosférico (Nitrógeno, Oxígeno, Argón)
Etileno	0 to 10%	Acetileno, Metano, Etano, Propileno, Dióxido de Dinitrógeno
Etileno	0 to 30%	Metano, Etano
Etileno	0 to 40%	Dióxido de Carbono, Cloro, Propileno, Acetileno
Etileno	40 to 80%	Etileno, Acetileno, Dióxido de Dinitrógeno
Etileno	80 to 100%	Metano, Etano
Metano	75 to 100%	Etileno, Etano

Análisis óptico

la fuente, pero casi todas las aplicaciones de los analizadores industriales no se comportan de esta manera. En casi todos los casos, la muestra de proceso contiene muchos tipos de gases capaces de absorber luz en un intervalo similar de longitudes de onda, aunque se esté interesado solamente en un solo tipo de gas. Un ejemplo puede ser la medición de la concentración de Dióxido de Carbono CO_2 en la salida de un horno de combustión: casi ninguno de los gases que salen del horno dejan de absorben luz infrarroja (Nitrógeno, Oxígeno) al contrario del Dióxido de Carbono CO_2, sin embargo existen otros gases que se comportan absorbiendo luz como el Dióxido de Carbono CO_2: Monóxido de Carbono CO, vapor de agua H_2O y Dióxido de Azufre SO_2 y que están presentes en el gas de escape de un horno. Este burdo analizador no podría discriminar la diferencia entre el Dióxido de Carbono y cualquiera de los otros gases que absorben luz infrarroja presentes en el gas de escape.

Otro problema importante de este tipo de analizador es que cualquier variación en la salida de la fuente de luz provocaría una deriva del cero y del alcance en la calibración del instrumento. Debido a que las fuentes de luz tienden a cambiar la salida con el tiempo, este defecto requiere recalibraciones frecuentes del analizador.

Finalmente, puesto que el detector es una termopila, su salida podría ser afectada no solo por la luz incidentes sino que también por la temperatura ambiente, haciendo que la salida del analizador varíe en forma completamente descorrelacionada con la composición de la muestra.

Analizador simple de doble haz

Una forma de mejorar el analizador de un solo haz es dividir el haz de luz en dos mitades iguales para hacer pasar cada haz a través de su propia celda. Solamente una de estas celdas contendrá el gas que será analizado – la otra celda se sella conteniendo un gas de referencia como el Nitrógeno que no absorba luz infrarroja. En el extremo de cada celda se coloca una par de detectores de termopila, que se conectan a los detectores en modo serie pero en forma opuesta de tal forma que se cancelen los voltajes iguales (Fig. 1.43).

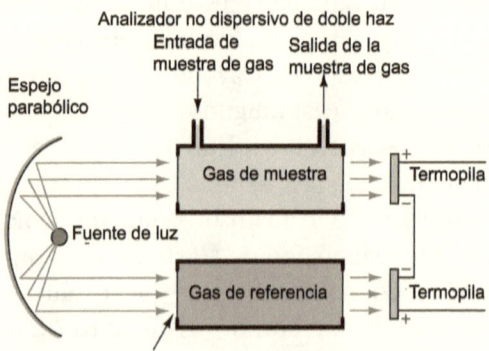

Figura 1.43: Analizador de dos haces

Si la muestra de gas no absorbiese luz infrarroja como el gas de referencia, el par de detectores opuestos no generaría señal de voltaje. Si la muestra contuviese alguna concentración de gas absorbente de luz infrarroja, los dos detectores de termopila recibirían diferentes intensidades de luz infrarroja. La diferencia de temperatura causará el desbalance del par de pilas, generando un voltaje neto que se podría medir como una indicación de la concentración del gas.

Esta modificación elimina completamente el problema de la temperatura ambiente. Si la temperatura del analizador aumentase o disminuyese, la salida de voltaje de ambas termopilas subirá o bajará en la misma magnitud, que se cancelarían de tal forma que el único voltaje producido por el par serial opuesto será proporcional a la diferencia en la intensidad de la luz de los haces.

El detector dual también elimina el problema de la deriva de cero *zero drift*. En la medida en que pase el tiempo, la fuente de luz se atenuará haciendo que los detectores

Análisis óptico

vean menos luz. Debido a que el par de detectores mide la diferencia entre la intensidad de dos haces de luz, ignorará la degradación simultánea de estos dos haces.

Aún existe otro problema del detector, en el que un desbalance en un detector tenga un corrimiento de voltaje diferente del otro, de tal forma que no habría el contrabalance perfecto de los detectores aunque las intensidades de luz sean iguales. Esto podría pasar si una de las termopilas se calentase más que la otra, quizás debido al calentamiento de una muestra de proceso caliente que entre una celda y no en la otra. Una solución ingeniosa a este problema es insertar una rueda giratoria de metal *chopper* en el trayecto de ambos haces de luz, haciendo que los haces de luz pulsen a través de las celdas de muestreo y de referencia con un frecuencia baja (típicamente de unos cuantos pulsos por segundo) (Fig. 1.44).

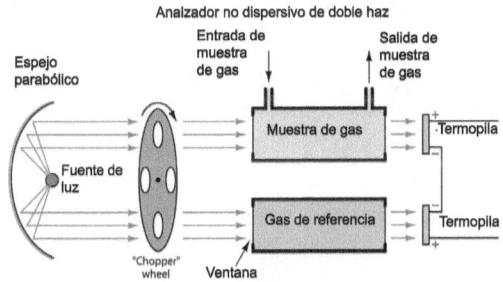

Figura 1.44: Rueda *chopper* en un detector dual

El efecto del *chopper* es hacer que el detector genere una señal de voltaje AC pulsada en vez de una señal de voltaje estable. La amplitud pico-a-pico de esta señal pulsante representa la diferencia de intensidad de luz entre los dos detectores, donde una deriva se manifestaría solo como un voltaje de polarización *bias* que cambia lentamente o constante. La siguiente tabla ilustra la señal de salida del detector para tres concentraciones de gas diferentes (nada, poco y mucho) con y sin error en las señales de los detectores debido a deriva térmica (Fig. 1.45).

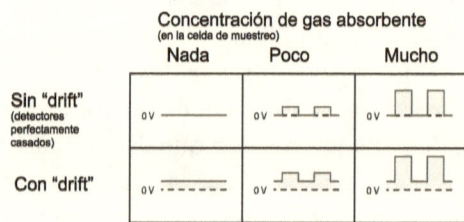

Figura 1.45: Efector de la rueda *chopper* en el detector dual

Este voltaje de DC de polarización es muy fácil de eliminar en la sección de amplificación de un analizador. Todo lo que se necesita es realizar un acoplamiento capacitivo entre los detectores y el amplificador, de esta forma el amplificador nunca verá el voltaje DC de polarización (Fig. 1.46).

Haciendo que el conjunto de detectores produzcan una señal pulsante AC en lugar de una señal DC y que haya un acoplamiento capacitivo hacia el amplificador, se consigue que el circuito electrónico responda solamente a cambios en amplitud de la onda AC y no a la polarización DC. Esto significa que el analizador solo responderá a cambios en la temperatura del detector que sean resultado de la absorción de luz (Ej. concentración de gas) y no desde otro factor como la deriva térmica de temperatura. En otras palabras, debido a que el amplificador se ha construido solamente para que amplifique señales pulsantes y la única cosa pulsante en este instrumento es la luz, la electrónica solamente medirá los efectos generados por la luz y serán rechazados todos los otros estímulos.

A pesar del diseño mejorado de la rueda *chopper* y del circuito amplificador acoplado con AC aún existe un problema importante con este analizador: aún no se puede considerar un instrumento selectivo. Cualquier gas absorbente de luz que entre a la celda de muestreo hará

Análisis óptico

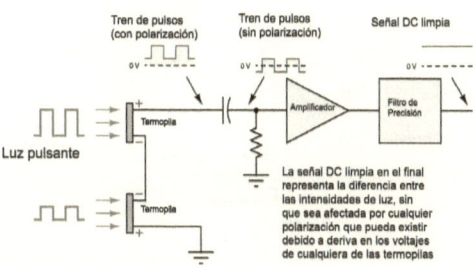

Figura 1.46: Acoplamiento capacitivo en un detector con *chopper*

que el par de detectores genere una señal, sin importar de que tipo de gas se trate. Esto puede ser suficiente para algunas aplicaciones industriales, pero no lo será donde haya una muestra de gases absorbentes de luz que coexistan en la muestra. Lo que se necesita es una forma para hacer selectivo este instrumento a un solo tipo de gas.

Detectores Luft

Una forma inteligente de mejorar la selectividad es reemplazar las termopilas con un tipo diferente de detector más sensible a las longitudes de onda absorbidas por el gas de interés que a las longitudes de onda absorbidas por los otros gases (interferentes). El doctor Luft inventó un detector de este tipo cuando estaba desarrollando el analizador de gas NDIR en 1930. Este diseño emplea dos cámaras de gas y un diafragma fino para medir la diferencia de intensidad de luz que salen de las celdas de muestreo y de referencia. Este tipo de detector se conoce como *Detector Luft*, aunque el diseño haya sido modificado en los analizadores modernos para que tengan una mejor sensibilidad y rechazo al ruido (Fig. 1.47).

En la medida en que la luz entre a las cámaras dobles del detector, la luz absorbida por el gas que llena la cámara del detector hace que las moléculas de gas se calienten.

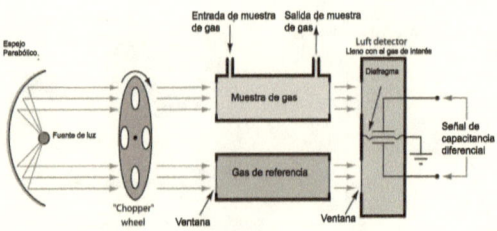

Figura 1.47: Detector Luft

Este incremento de temperatura hace que el gas se expanda, presionando contra el diafragma delgado. Si las intensidades de la luz son iguales, las presiones se igualarán y no habrá movimiento del diagrama. Si las intensidades de luz fuesen diferentes (debido a que la celda absorba algunas de las longitudes de onda), la presión de gas dentro de la mitad del detector de Luf será menor, haciendo que el diafragma delgado se combe en esa dirección. Un conjunto de placas fijas de metal sensan la posición usando la técnica de capacitancia diferencial (al igual que muchos sensores de presión diferencial). Con el trabajo de la rueda *chopper* haciendo pulsar la luz a través de las celdas de muestra y de referencia, el diafragma dentro del detector Luft pulsará igualmente y la señal AC pulsada resultante podrá ser filtrada y amplificada para representar la concentración del gas.

Lo que hace selectivo al detector de Luft es que está lleno con un concentración de un 100% del gas que se está interesado en medir. Esto significa que solamente aquellas longitudes de onda de luz absorbidas por el gas de interés generarán calor (y presión) al interior de las cámaras del detector. Las diferentes longitudes de onda de luz absorbidas por otros gases interferentes no serán absorbidos en el mismo grado por el gas al interior del detector Luft y, por lo tanto, los pulsos de presión dentro del detector Luft serán principalmente una función de la concentración de gas de interés y de la(s) concentracion(es) de gas(es) interferente(s).

Análisis óptico 67

La ganancia en selectividad del detector de Luft relleno con gas no es obvia a primera vista y merece alguna explicación. Se puede investigar este comportamiento realizando algunos experimentos imaginarios en los que se puede suponer el efecto de diferentes tipos de gases en un analizador NDIR equipado con un detector Luft.

Suponga que se tienen una aplicación en la que se intenta medir la concentración de Dióxido de Carbono en una mezcla de gas que también contenga Etano. En un detector NDIR de una sola cámara que tenga detectores de termopilas, el Dióxido de Carbono y el Etano presente en la cámara de muestra generará una respuesta en el detector, puesto que ambos tipos de gases absorben luz infrarroja y que el detector de termopila responde a cualquier atenuación de luz infrarroja. Así, este simple analizador no podrá encontrar la diferencia entre un cambio en la concentración de Dióxido de Carbono y la concentración de Etano. Esto convierte al Etano en un gas interferente desde la perspectiva del experimento que intente medir la concentración de Dióxido de Carbono.

Mientras que los gases de Dióxido de Carbono y de Etano absorben luz infrarroja, lo hacen a diferentes longitudes de onda. El siguiente gráfico espectral muestra las bandas únicas de absorción infrarroja del Dióxido de Carbono y del Etano, respectivamente. Como se puede ver, las longitudes de onda de la luz infrarroja absorbida por cada tipo de gas son únicas y no se superponen (Fig. 1.48).

Imagine que se reemplace los detectores de termopila por un detector de Luft, con sus cámaras dobles llenas con una concentración al 100% de Dióxido de Carbono. Si no hubiese Dióxido de Carbono ni Etano en la cámara de muestra, la luz que pasara a través de la cámara procedente de la fuente no sufrirá atenuación y llegará al detector Luft, haciendo que ambas cámaras se calienten por igual, lo que originará una respuesta cero. Esto es precisamente, lo que se podría esperar de un instrumento NDIR de doble haz, tenga o no un detector de Luft.

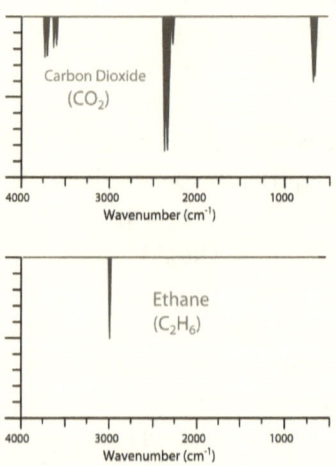

Figura 1.48: Gráfico espectral que muestra las bandas únicas de absorción infrarroja del Dióxido de Carbono y del Etano

El próximo experimento es imaginar que entran moléculas de Dióxido de Carbono en la cámara de muestreo y que absorba alguna porción de la luz infrarroja emitida por la fuente. Debido a que las moléculas de Dióxido de Carbono que están dentro del detector de Luft se calientan por las mismas longitudes de onda de luz que absorben las moléculas en la cámara de muestreo, el lado donde está la muestra en el detector de Luft sufrirá menos calentamiento que antes (mientras que el lado referencia tendrá el mismo grado de calentamiento), lo que causará una diferencia de presión al interior del detector de Luft y por lo tanto generará una respuesta. Una vez más, esto es precisamente lo que se podría esperar de cualquier instrumento NDIR de haz doble, que tenga o no detector de Luft.

Si embargo, si ahora se imagina que algunas moléculas de Etano entraran a la cámara de muestreo la respuesta del instrumento será diferente. Seguramente, estas moléculas de Etano absorberán algo de la luz infrarroja que entre a la

Análisis óptico

cámara, pero estas longitudes de onda perdidas no afectarán al detector Luft porque no han sido absorbidas por el gas de Dióxido de Carbono al interior de la cámara del detector. Entonces la atenuación de luz infrarroja del Etano sería indetectable en un detector Luft que esté lleno de Dióxido de Carbono. Este instrumento estará ahora sensibilizado hacia el gas de Dióxido de Carbono en exclusivo para que no absorba le misma longitud de onda de luz infrarroja que el Dióxido de Carbono. Esto hace que el detector de Luft sea selectivo a un tipo de gas más que a otros.

Un variación moderna del detector de Luft consiste en reemplazar el diafragma con un canal estrecho y un sensor térmico muy sensible conectado a las dos cámaras llenas con gas. Cualquier diferencia de expansión entre los gases de las dos cámara al calentarse por la luz, hará que el gas se mueva y pase por el sensor de flujo, generando así una señal (Fig. 1.49).

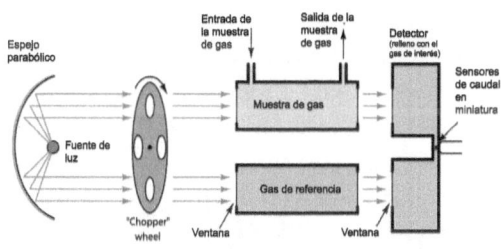

Figura 1.49: Detector sin diafragma

En la medida de que la rueda *chopper* convierta la luz incidente en pulsos que van a las dos cámaras del detector, el gas volverá y circulará una y otra vez a través de la pasarela estrecha entre las dos cámaras lo que causará un respuesta de flujo alternado desde el sensor de flujo.

La ventaja de este detector que no tiene diafragma es que es insensible a la vibración mecánica como una termopila (no tienen partes móviles), a la vez que mantiene la selectividad tradicional de los detectores tipo Luft (lleno con el gas de interés).

Mientras que los detectores de tipo Luft aumentan mucho la selectividad de los analizadores de espectrografía no dispersiva, todavía es posible mejorarlos. La selectividad perfecta se asegura en el detector de Luft solamente cuando los espectros de absorción de luz de los gases de interés no se superpongan con el espectro de absorción del gas de interés. Si existiese alguna superposición, se tendría interferencia.

Para explicar este detalle, se verán algunas características de los analizadores *filter cells*.

Uso de celdas de filtro

Si los gases interferentes no absorbiesen ningunas de las longitudes de onda del gas de interés, la selectividad sería total: el detector relleno con gas respondería solamente a la presencia del gas de interés. Usualmente las aplicaciones de proceso no son tan simples. En la mayor parte de las aplicaciones, los gases interferentes tienen espectros de absorción que se superponen en porciones del espectro del gas del interés. Esto significa que los cambios en la concentración del gas interferente serán detectados por el detector (aunque no en forma tan marcada como los cambios en la concentración del gas de interés) porque parte del espectro de luz absorbido por el gas interferente tendrá un efecto de calentamiento en el gas puro dentro del detector.

Un ejemplo de absorción superpuesta se obtiene en la combinación de Dióxido de Carbono y de gases de Acetileno (Fig. 1.50).

Como se puede ver, hay algunas absorciones que son comunes entre los dos gases, hacia el lado derecho de la escala, alrededor de 700 cm^{-1} (aproximadamente 14,000 nm). Un analizador NDIR equipado con un detector Luft lleno con 100% de gas Dióxido de Carbono responderá mucho a un gas de Dióxido de Carbono en la cámara de muestreo y débilmente a concentraciones de gas Acetileno. Debido a que el Acetileno absorbe algunas de las longitudes de onda

Análisis óptico

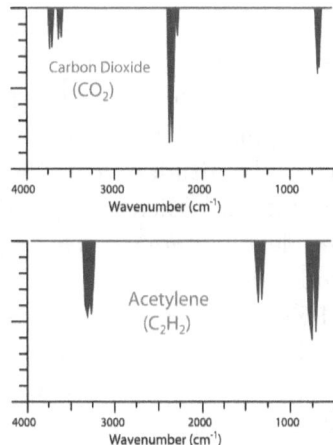

Figura 1.50: Ejemplo de absorción superpuesta

infrarrojas absorbidas por el Dióxido de Carbono, el gas Acetileno tienen el efecto potencial de un detector de Luft y hace que el analizador piense que haya un poquito más de gas de Dióxido de Carbono de lo que realmente hay.

Una mejora adicional al instrumento NDIR ayuda a eliminar este problema: se agregan dos celdas de gas en el trayecto de los haces de luz, cada uno relleno con concentraciones al 100% del gas interferente (Fig. 1.51).

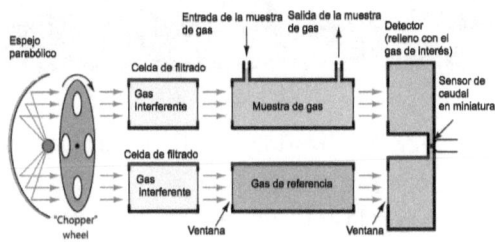

Figura 1.51: NDIR mejorado

Las celdas de filtrado purgan la luz de las longitudes de onda que, de otra forma, serían absorbidas por el gas interferente que está al interior de la celda de muestra. Como resultado, no habrá concentración de gas en la celda de muestreo que tengan algún efecto en la luz que sale de ahí, porque estas longitudes de onda ya habrán sido eliminadas por los filtros. Mientras que el gas de interés absorba longitudes de onda *no compartidas por el gas de interés* (las longitudes de onda que absorbe solamente el gas de interés), esas longitudes de onda aún serán capaces de pasar las celdas de filtrado y de entrar a la celda de muestreo donde cambiarán su intensidad a medida que el gas de interés cambie su concentración. Así, el detector ahora responderá exclusivamente a cambios en el gas de interés y no a los cambios en el gas interferente.

Por muy efectiva que sea esta técnica de filtrado, posee la limitación de solamente poder trabajar para un solo gas de interés a la vez. Si hubiese muchos gases de interés en la corriente de muestreo, se deberán usar muchas celdas de filtrado para bloquear esas longitudes de onda.

Se muestra una foto de un analizador NDIR de cámara doble (Fig. 1.52).

Figura 1.52: Analizador NDIR de cámara doble

Lo que parece en la foto una celda de gas de color dorado son realmente dos celdas (con un divisor que separa a lo largo las dos cámaras), una para el gas de muestra y la otra para la referencia. Una manguera negra permite que pase el gas de

Análisis óptico

muestra a través de la mitad inferior del tubo, con la mitad superior llena con gas Nitrógeno (la conexión al tubo está tapada y sellada con un plástico negro). La fuente de luz y el conjunto del *chopper* se ve en el lado izquierdo del tubo, mientras que el detector está en el lado derecho.

En este modelo analítico X-STREAM X2, la rueda chopper se mueve con un motor de paso (Fig. 1.53).

Figura 1.53: Analizador de gas Rosemount Analytical X-STREAM X2

La parte superior de la fuente de luz infrarroja se ve al lado derecho del motor de la rueda.

El detector usado en el analizador X-STREAM NDIR es una variante moderna del detector de Luft con un elemento de sensado de microcaudal que detecta los pulsos de gas entre las dos cámaras. En este analizador en particular, las cámaras están llenas con gas de Monóxido de Carbono para sensibilizar hacia este gas (Fig. 1.54).

El intervalo máximo de detección de este instrumento puede estar entre 0 y 1000 ppm de Carbono, con la posibilidad de cambiar a un rango entre 0 y 400 ppm.

Figura 1.54: Detector de Luft con elemento de sensado de microcaudal que detecta los pulsos de gas entre las dos cámaras

Analizador de gas de filtro de correlación *Gas Filter Correlation (GFC)*

El uso de celdas de filtrado para eliminar las longitudes de onda asociadas a los gases interferentes se denomina filtrado positivo en el campo de la espectroscopía. Se puede considerar como una extracción de todas las longitudes de onda que el instrumento no debiese considerar. Para que el filtrado positivo sea plenamente efectivo el analizador debe extraer **todas** las longitudes de onda asociadas a los gases interferentes. En algunas aplicaciones esto puede necesitar que se apilen varios filtros en serie para que cada uno extraiga las longitudes de onda de un gas interferente diferente. Esta técnica no solo es complicada cuando hay varios tipos de interferentes en la muestra, sino que es totalmente inútil cuando los tipos interferentes son desconocidos.

Existe una técnica llamada filtrado negativo que hace justamente lo opuesto: colocar una celda de filtrado en el trayecto de la luz para que absorba todas las longitudes de onda asociadas con el gas de interés, dejando todas las otras longitudes de onda sin atenuar. Una aplicación de esta técnica se denomina *Gas Filter Correlation*, o espectroscopía GFC. Esta misma técnica también se puede

Análisis óptico

llamar *Interference Filter Correlation o espectrografía IFC*.

Los analizadores de filtro de correlación utilizan una celda de gas solamente en lugar de celdas dobles (de muestreo y de referencia), a través de la cual se hace pasar un haz de luz con espectro alternado. Una rueda de filtro rotatorio crea este espectro alternado (Fig. 1.55).

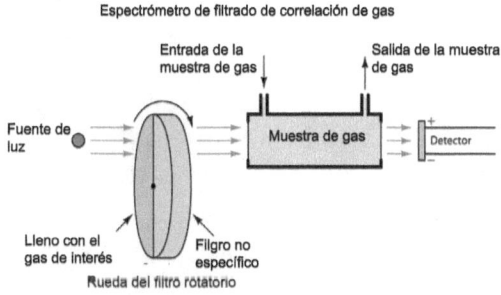

Figura 1.55: Analizador de filtro de correlación

El filtro está compuesto por dos mitades transparentes: una que contiene una alta concentración del gas de interés y la otra diseñada para atenuar consistentemente cualquier longitud de onda (todo el espectro) emitido por la fuente. El factor de atenuación de la mitad neutral de este filtro de rueda se hace ajustar en forma precisa de tal forma que siempre penetre la misma intensidad (aproximadamente) de luz infrarroja a la celda de gas de muestra, sin que importe la posición del filtro de rueda. El detector de luz ubicado a la salida de la celda de muestreo se diseña para que sea no específico con respecto a las longitudes de onda. A diferencia del detector Luft, lo que se necesita en este detector es que responda a un espectro amplio de longitudes de onda.

Si la cámara de gas de muestra solo contuviese gases no absorbentes, el detector generaría una señal estable (no cambiante) porque recibe la misma intensidad de luz total durante cada mitad de rotación de la rueda del filtro, a pesar de que sean de diferente longitud de onda en cada mitad de la rotación de la rueda.

Si algunos de los gases de interés entrase a la celda de muestreo, comenzaría a absorber algo de luz mientras que el filtro neutral se está alineando en el frente de la celda. Durante la otra mitad de la rotación del filtro (cuando la luz deba pasar a través de la cámara de alta concentración de gas), el gas de interés dentro de la celda de muestra no tendrá efecto, porque todas las otras longitudes de onda de luz ya habrán sido eliminadas por el filtro. Esto tiene como resultado una señal cambiante en el detector, la amplitud de la oscilación será proporcional a la concentración de gas correlacionador (igualando el espectro de absorción del gas del filtro de rotación) al interior de la celda de muestreo.

El efecto de los gases interferentes en la celda de muestra depende de la naturaleza de esos gases. Un gas interferente con un espectro de absorción parecido al espectro de absorción del gas de interés sería indistinguible del gas de interés desde el punto de vista de este instrumento – se dice que este gas es una interferencia positiva. Tales gases podrían absorber longitudes de onda de luz desde el haz durante el tiempo en que la luz pase a través del filtro neutral y no absorbería longitudes de onda durante el tiempo en que la luz pase a través del gas del filtro, como cualquier otro gas de interés. Otro tipo de gas interferente absorbería completamente diferentes longitudes de onda de luz que las que absorbería el gas de interés sin importar la posición de la rueda del filtro. Si embargo, en presencia de igual porcentaje de absorción en una región del espectro no afectado por el lado del filtro de gas de la rueda y de atenuación uniforme en el lado neutral de la rueda, este tipo de gas absorbería más luz en la parte de filtrado de gas durante la rotación de la rueda y menor luz durante la parte neutralmente filtrada de la rotación de la rueda – justamente lo contrario de la interferencia positiva. Así, el gas con un espectro de absorción completamente diferente del gas de interés tendría un efecto de interferencia negativa.

Para evitar interferencias de cualquier tipo de gases, se

debe cancelar la correlación con las interferencias positivas y negativas. Afortunadamente para esta técnica, la mayor parte de los gases interferentes poseen espectros superpuestos en forma parcial con la mayor parte de los gases de interés. Si el grado de superposición tuviese simetría par en el espectro, las interferencias positivas o negativas se cancelarían entre ellas.

En otras palabras: si el espectro de absorción del gas se correlacionase perfectamente con el gas de interés, el efecto sería positivo, haciendo que el analizador piense que hay una mayor concentración del gas de interés que el que realmente existe. Si el espectro de absorción de un gas fuese perfectamente anti-correlacionado con el espectro del gas de interés, el efecto sería negativo, haciendo que el analizador piense que hay una menor concentración del gas de interés que el que realmente exista. Si embargo, si el espectro de absorción de cualquier gas fuese completamente descorrelacionado (superposición aleatoria de espectros) con el espectro del gas de interés, la interferencia sería neutral (con poco o ningún efecto).

Esto hace que el analizador GFC sea muy adecuado para discriminar gases cuyos espectros se superpongan en un intervalo general pero que difieran en detalles finos (donde haya picos y valles que no coincidan cuando se intersecten los espectros). Una aplicación práctica de un analizador GFC es el análisis de los gases de escape de combustión para detectar Monóxido de Carbono CO en presencia de Dióxido de Carbono CO_2 y de vapor de gua. A diferencia del tipo de analizadores de doble haz y del detector de Luft, los analizadores GFC no requieren celdas de filtrado individuales para cada tipo de gas interferente. Esto es una ventaja importante cuando haya muchos gases interferentes con respecto al gas de interés.

Al ser analizadores de un haz único, los instrumentos GFC son mucho más fáciles de implementar que los analizadores de aire libre de doble haz. En otras palabras, el haz de luz puede pasar a través de aire-libre (o través del diámetro de un tubo de escape, por ejemplo) para sensar los gases en cualquier punto de esa región, en lugar de estar limitados a los gases encerrados en un celda de gas. Note que según la ley de Beer-Lambert, la absorción se incrementa en proporción directa con la extensión del trayecto de la luz:

$$A = abc = \log\left(\frac{I_0}{I}\right) \qquad (1.11)$$

Doinde,
A = Absorción
a = Coeficiente de extinción en el caso de sustancias que absorben fotones
b = Extensión del camino que sigue la luz a través de la muestra
c = Concentración de la sustancia absorbedora de fotones en la muestra
I_0 = Intensidad de la luz incidente (fuente)
I = Intensidad de la luz recibida después de pasar a través de la muestra

Mientras mayor sea la extensión del trayecto, más luz será absorbida por el gas, manteniendo sin cambios los otros factores. Esto extiende la sensibilidad del analizador ante menores concentraciones, lo cual es especialmente deseable cuando se trata de medir concentraciones de gas en el intervalo de algunos ppm (partes por millón) o partes por billón (ppb).

Se muestra el diagrama de un analizador GFC usado para medir la concentración de gas al aire libre (Fig. 1.56).

La luz que pasa a través de la rueda del filtro rotatorio impacta un divisor de haz (una placa parcialmente plateada dispuesta en ángulo de 45°) donde aproximadamente la mitad de luz pasa a través del espacio de muestreo y la otra mitad se pierde por la reflexión. En el extremo lejano del espacio de muestreo, se tiene un espejo totalmente plateado que devuelve la luz hacia el analizador, donde impacta nuevamente el divisor de haz y se refleja a 90° para alcanzar

Análisis óptico

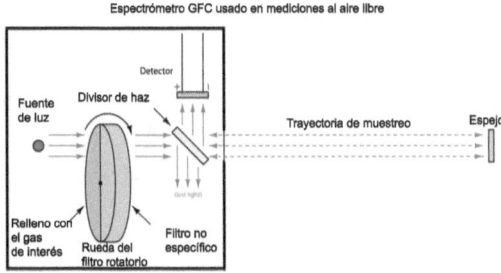

Figura 1.56: Diagrama de un analizador de GFC

el detector. Con esta estructura, el largo del trayecto (b en la Ley de Beer-Lambert) es igual al doble de la distancia entre el analizador y el espejo, puesto que la luz debe viajar un tramo para alcanzar el espejo y la misma distancia de vuelta desde el espejo. Como se puede imaginar, se puede tener un camino arbitrariamente largo con este tipo de analizador de aire-libre.

1.4.3 Fluorescencia

Cuando un fotón de alta energía impacta un átomo puede hacer saltar a un electrón desde su órbita, dejando una vacante para que sea ocupada por uno de los electrones que estén en las órbitas superiores. Cuando esto pase, el electrón que rellena la vacante emite un fotón de menor energía que el fotón causante del salto del electrón. Así, el fotón de alta energía golpea el átomo y el átomo libera un fotón de menor energía. Este fenómeno se conoce como fluorescencia.

La relación entre la energía del fotón y su frecuencia (y consecuentemente la longitud de onda) es una constante de proporcionalidad bien definida y llamada constante de Planck h:

$$E = hf \qquad \text{o} \qquad E = \frac{hc}{\lambda} \qquad (1.12)$$

Donde,

E = Energia transportada por un fotón de luz (joules)
h = Constante de Planck (6.626×10^{-34} joule-segundo)
f = Frecuencia de la onda de luz (Hz, o 1/segundo)
c = Velocidad de la luz en el vacío ($\approx 3 \times 10^8$ metros por segundo)
λ = Wavelength of light (meters)

Por lo tanto, el fotón de alta energía necesario para que se emita un electrón de bajo nivel desde un átomo tiene que ser un fotón de alta frecuencia (longitud de onda corta) y el fotón de baja energía emitida por el átomo tiene que ser de baja frecuencia (longitud de onda larga).

Los fotones con suficiente energía para lograr la emisión de electrones de bajo nivel desde los átomos están en el intervalo de frecuencia ultravioleta y más arriba. Estos fotones de baja energía emitidos por los átomos excitados frecuentemente caen dentro del espectro de la luz visible. Así, lo que se tiene es un mecanismo para que la luz ultravioleta haga brillar una sustancia con colores visibles.

La fluorescencia se usa comúnmente con fines de entretenimiento en la forma de luz negra: un bulbo eléctrico diseñado para emitir luz ultravioleta. Muchos compuestos orgánicos son fluorescentes bajo una fuente de luz, produciendo un brillo atemorizante. Las sustancias químicas presentes en papel blanco, ciertas tintas y ciertos tipos de detergentes para ropa tienen propiedades fuertemente fluorescentes, como muchos fluidos corporales. De hecho, la presencia de componentes fluorescentes en el papel, las tintas y los detergentes es frecuentemente intencional para mejorar la apariencia de los objetos cuando se observan a la luz del sol, la que contiene luz ultravioleta.

Una variedad de sustancias comunes alimentarias también fluorescen. La quinina, un ingrediente del agua tónica, brilla con un tono blanco-azulado cuando se expone a la luz ultravioleta (Fig. 1.57).

El Aceite de Oliva es otro ejemplo de una sustancia que

Análisis óptico

Figura 1.57: Fluorescencia en algunas sustancias

fluoresce fácilmente bajo luz ultravioleta. En este caso el color de la luz emitida es de un tono rojizo que se debe a la presencia de pigmentos clorofílicos. El tono de la fluorescencia de los aceites de olivas puros se acercan al azul (Fig. 1.58).

Figura 1.58: Fluorescencia del Aceite de Oliva

La melaza (sirope de caña de azúcar) fluoresce con un color verde profundo cuando se expone a la luz ultravioleta (Fig. 1.59).

Figura 1.59: Fluorescencia de la melaza

La clorofila es un ejemplo de una sustancia capaz de fluorescer cuando es expuesta a la luz ultravioleta. El color de su fluorescencia es rojo, como se muestra en la foto de una hoja de planta cuando se ilumina con luz negra (Fig. 1.60).

Figura 1.60: Fluorescencia de la clorofila

La tinta fluorescente se usa frecuentemente como tinta invisible para marcar productos de tal forma que sean invisibles bajo la luz normal, pero totalmente visibles bajo luz ultravioleta concentrada. Esto se usa en los billetes en la cinta que indica el valor del billete (Fig. 1.61).

Figura 1.61: Tinta fluorescente en billetes

No todas las sustancias fluorescen fácilmente. Si la sustancia presente en una muestra industrial fluoresciese, mientras que las otras sustancias no, se podría aplicar fluorescencia para la medición selectiva de esa sustancia.

El Dióxido de Sulfuro SO_2 es un contaminante atmosférico formado por la combustión de combustibles que contienen sulfuros. Este gas puede fluorescer bajo luz ultravioleta. Se muestra una foto de una cámara de fluorescencia tomada de un analizador de Dióxido de Sulfuro *Thermo Electron modelo 43* (Fig. 1.62).

Un flujo estable de gas de muestra entra y sale de la cámara a través de tubos plásticos negros. La luz ultravioleta entra a la cámara partiendo desde una lámpara especial, entonces un detector altamente sensible a la luz llamado tubo fotomultiplicador mide la cantidad de luz emitida cuando las moléculas de SO_2 dentro de la cámara fluorezcan. A mayor concentración de moléculas de SO_2 en la mezcla de gas, mayor la cantidad de luz que será sensada por el tubo fotomultiplicador ante cualquier cantidad de luz ultravioleta.

Las luz ultravioleta incidente desde la lámpara no puede

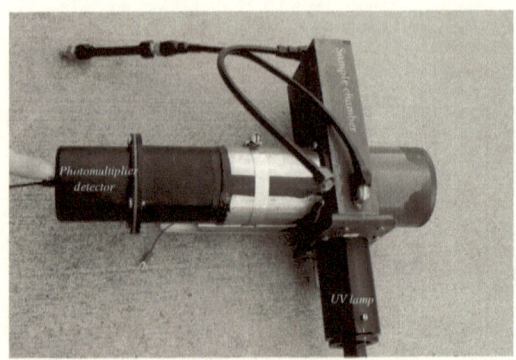

Figura 1.62: Foto de una cámara de fluorescencia de un analizador de Dióxido de Sulfuro *Thermo Electron modelo 43*

alcanzar directamente al tubo fotomultiplicador, porque no hay un camino en línea directa entre la lámpara y el tubo y la pared interior de la cámara es no-reflectiva. La única forma en que el tubo puede recibir luz, es cuando las moléculas dentro de la cámara fluorezcan al ser excitadas por la luz ultravioleta. Esto asegura que el instrumento realmente mida la fluorescencia y que produzca una salida cero cuando no haya moléculas fluorescentes presentes.

Una vista de *close-up* del emisor ultravioleta muestra una lámpara de descarga. Cuando una fuente oscilatoria de electricidad de alto voltaje energize el electrodo dentro de la lámpara, se forma un arco y se emite un rayo pulsante de luz ultravioleta (Fig. 1.63).

El tubo fotomultiplicador es un tubo de vacío especial que opera bajo el principio del efecto fotoeléctrico, en el que un fotón incidente (partícula de luz) de suficiente energía hace emitir un electrón al impactar una superficie metálica. La luz que entra a través de un ventaja de vidrio transparente del tubo fotomultiplicador hace que los electrones sean emitidos desde una placa de metal cargada eléctricamente

Análisis óptico

Figura 1.63: Detalle de un emisor ultravioleta

llamada fotocátodo. Siguiendo la placa del fotocátodo hay una serie de placas de metal adicionales llamadas *dynodes*, cada una con un potencial positivo progresivamente mayor para proporcionar la energía cinética a los electrones que sean atraídos hacia estas. Cada vez que los electrones impacten una placa dynode con gran energía, se emitirán más electrones en lo que se denomina emisión secundaria. Como resultado de la emisión secundaria habrá una multitud de electrones que llegarán a la placa final (llamada ánodo) para cada fotón que impacte el fotocátodo: la acción del tubo consiste en multiplicar el efecto de cada fotón para obtener una sensibilidad máxima. Se muestra un pulso de corriente relativamente fuerte medido en el ánodo indica la llegada de cada fotón al tubo (Fig. 1.64).

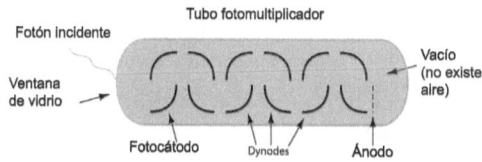

Figura 1.64: Tubo fotomultiplicador

Se muestra un tubo fotomultiplicador simplificado y el circuito de suministro de potencia (Fig. 1.65).

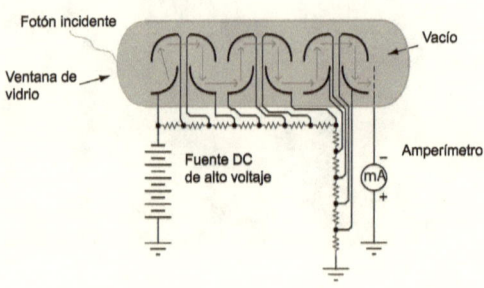

Figura 1.65: Tubo fotomultiplicador simplificado y el circuito de suministro de potencia

En los instrumentos reales, el Amperímetro podría ser reemplazado por un circuito amplificador produciendo una fuente señal eléctrica en respuesta directa a la intensidad de luz recibida. En el caso de un analizador de fluorescencia la señal de salida de un amplificador es la representación de la concentración de moléculas de SO_2 al interior de la cámara.

Al igual que cualquier otro tipo de tecnología de analizador es necesario tener cuidado con las sustancias interferentes cuando se use fluorescencia para detectar la concentración del gas de interés. No solo fluoresce el Dióxido de Sulfuro cuando está expuesto a la luz ultravioleta sino que también lo hace el Óxido Nítrico (NO) y muchos componentes de hidrocarbonos, especialmente los componentes más grandes clasificados como hidrocarbonos aromáticos polinucleares o PAH. Desafortunadamente, el Óxido Nítrico y los componentes PAH se producen en industrias donde el Dióxido de Sulfuro es un problema ambiental. Para que los analizadores de fluorescencia basados en la SO_2 midan la concentración de Dióxido de Sulfuro en una corriente de gas en el que haya la posibilidad de encontrar componentes NO y PAH, se debe poner un cuidado especial

Análisis óptico

en eliminar la interferencia.

Afortunadamente, el Óxido Nítrico fluoresce en longitudes de onda diferentes de las del gas de Dióxido de Sulfuro. Esto da la posibilidad de poder desensibilizar el instrumento al Óxido Nítrico colocando un filtro óptico apropiado en frente del tubo fotomultiplicador. El filtro bloquea las longitudes de onda emitidas por la fluorescencia del Óxido Nítrico, haciendo que el tubo fotomultiplicador vea solamente la luz emitida por el Dióxido de Sulfuro.

La luz de la fluorescencia del compuesto de hidrocarbono no es tan fácil de eliminar con filtrado óptico, por lo que el analizador debe prevenir el problema de la interferencia PAH mediante el filtrado físico de las moléculas de gas de hidrocarburos antes de que la muestra entre a la cámara de fluorescencia usando un dispositivo llamado *kicker*. El *kicker* es una especie de colador que permite separar las moléculas de hidrocarburos de otras moléculas en la corriente de muestreo.

Después del procesamiento que realizan los circuitos electrónicos del analizador, la señal a la salida del tubo del fotomultiplicador será una representación de la concentración SO_2 y se podrá ver como el movimiento de un metro analógico (Fig. 1.66).

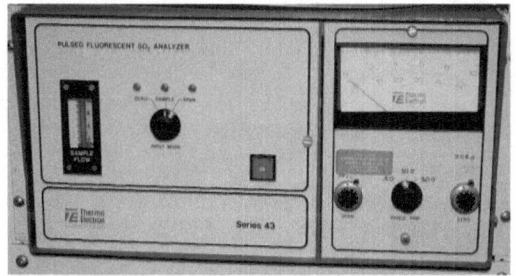

Figura 1.66: Salida del tubo fotomultiplicador

Como indica el *switch* del selector que está debajo de la pantalla del metro, este instrumento tiene tres diferentes intervalos de escala: 0 a 0.5 ppm *partes por millón*, 0 a

1.0 ppm y de 0 a 5.0 ppm. Un *switch* selector diferente en el lado izquierdo del panel de control opera válvulas de solenoide, permitiendo que el gas de muestra de proceso de uno o dos gases de calibración diferentes, entren al analizador. El gas de calibración cero no contiene Dióxido de Sulfuro, proporcionando así un línea base de referencia para ajustar el cero del analizador. El gas de calibración de alcance *span* contiene una mezcla precisa de Dióxido de Sulfuro y algo de gas portador no fluorescente, para que sirva como referencia química para algún punto cerca del límite superior del intervalo del analizador. Estos gases de calibración están disponibles comercialmente por laboratorios químicos, son llamados como *zero gas* y *span gas*. Claro que la composición de cualquier gas *zero* o *span* depende enteramente del tipo de instrumento analítico. El gas *span* suficiente para un analizador de Dióxido de Sulfuro podría no ser suficiente como gas *span* en un cromatógrafo multicomponente o para un analizador NDIR configurado para medir Monóxido Carbono.

Los reguladores de presión aseguran las condiciones apropiadas de entrada y salida del analizador. Una bomba de vacío (que no se muestra en las fotos) extrae gas de muestra a través del analizador y proporciona la presión diferencial necesaria para que trabaje el *kicker* de hidrocarburos (Fig. 1.67).

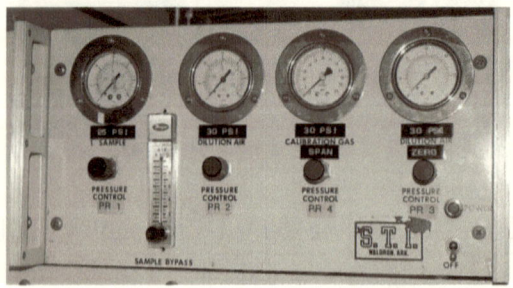

Figura 1.67: Reguladores de presión de un analizador

1.4.4 Quimioluminiscencia

Las reacciones químicas exotérmicas liberan energía al contrario de las reacciones endotérmicas, las que requieren más energía que lo que liberan. La combustión es un clase común de reacción exotérmica, con la energía liberada mayormente en la forma de calor y luz, con el calor como forma predominante.

Algunas reacciones exotérmicas liberan energía principalmente en la forma de luz en lugar de calor. El nombre más general para este efecto es quimioluminiscencia.

Ciertos componentes industriales participan en la reacciones quimioluminiscentes y este fenómeno puede ser usado para medir la concentración de estos componentes. Uno de estos componentes es el Óxido Nítrico (NO) que es un contaminante atmosférico formado por la combustión a alta temperatura siendo el aire el elemento oxidante.

La quimioluminiscencia es una reacción química entre el Óxido Nítrico y el Ozono (una molécula inestable formada por tres átomos de Oxígeno: O_3):

$$NO + O_3 \rightarrow NO_2 + O_2 + \text{luz} \qquad (1.13)$$

Aunque el proceso de la generación de luz sea muy ineficiente (solo una pequeña fracción de moléculas de NO_2 que se forma mediante esta reacción emitirá luz) es lo suficientemente predecible para que pueda ser usado como un método de medición cuantitativo para el Óxido Nítrico. El gas de Ozono es muy fácil de producir, provocando un descarga de arco eléctrico en la presencia de Oxígeno.

Se muestra un diagrama simplificado de un analizador de gas de óxido Nítrico quimioluminiscente (Fig. 1.68).

Como sucede con muchos analizadores ópticos, un tubo fotomultiplicador sirve como sensor detector de luz, generando una señal eléctrica proporcional a la cantidad de luz observada al interior de la cámara de reacción. A mayor

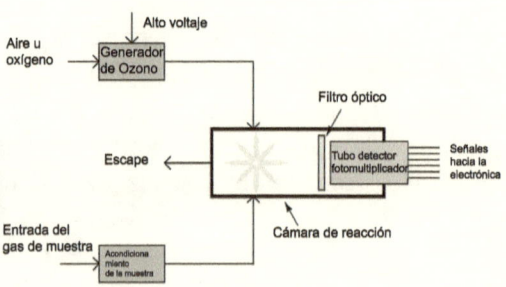

Figura 1.68: Diagrama simplificado de un analizador de gas de óxido Nítrico quimioluminiscente

concentración de moléculas de NO en la corriente del gas de muestra, mayor cantidad de luz que será emitida al interior de la cámara de reacción, lo que resulta en una señal eléctrica más potente producida por un tubo fotomultiplicador.

Aunque este instrumento mide la concentración de Óxido Nítrico (NO), no es sensible a otros óxidos de Nitrógeno (NO_2, NO_3, etc.). Normalmente se suele considerar esta selectividad una buena cosa porque eliminaría los problemas de interferencia desde otros gases. Sin embargo, cuando se quiere medir Óxido Nítrico también interesa medir la presencia de los otros óxidos de Nitrógeno que también son contaminantes atmosféricos.

Para usar la quimioluminiscencia en la medición de todos los óxidos de Nitrógeno, se deben convertir químicamente los otros químicos de Óxido Nítrico (NO) antes de que la muestra entre a la cámara de reacción. Esto es hecho en un módulo especial del analizador llamado conversor (Fig. 1.69).

Una válvula de solenoide de tres vías se muestra en el diagrama, proporciona los medios para puentear el convertidor de tal forma que el analizador solamente mida el contenido de Óxido Nítrico en la muestra de gas. Con la válvula de solenoide haciendo pasar la muestra a través del convertidor, el analizador responde a todos los óxidos de

Análisis óptico

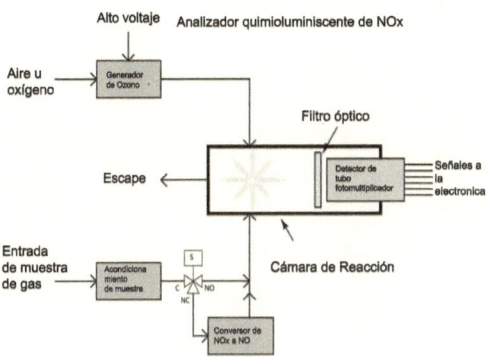

Figura 1.69: Analizador quimioluminiscente de NOx

Nitrógeno NO_x, no solamente al Óxido Nítrico NO.

Una forma simple de hacer la conversión química de $NO_x \rightarrow NO$ es simplemente calentar el gas a una temperatura alta, de alrededor de 1300 °F. A esta temperatura, la estructura molecular de NO sufre menos que otros óxidos más complejos. Una desventaja de esta técnica es que esas altas temperaturas también tienen la tendencia de convertir otros componentes de Nitrógeno como el amoníaco NH_3 en Óxido Nítrico, por lo que crea interferentes no deseados.

Una alternativa a la técnica de conversión $NO_x \rightarrow NO$ es utilizar un reactivo metálico en el convertidor para eliminar los átomos extras de Oxígeno de las moléculas de NO_2. Un metal que funciona bien para este propósito es el molibdeno (Mo) calentado a una temperatura relativamente baja de 750 °F que no es lo suficientemente caliente para convertir Amoníaco en Óxido Nítrico. La reacción de conversión de NO_2 en NO es como sigue:

$$3NO_2 + Mo \rightarrow MoO_3 + 3NO \qquad (1.14)$$

Otros óxidos (como el NO_3) se convierten de forma similar, dejando átomos de Oxígeno en exceso unidos a los átomos de Molibdeno y se convierten en Óxido Nítrico NO. La única diferencia entre esas reacciones y la que se muestra para el NO_2 es el cociente proporcional estequiométrico (*soichiometric*) entre las moléculas.

Como se puede ver en esta reacción, el metal Molibdeno se convierte en un compuesto de Trióxido de Molibdeno con el tiempo, por lo que se requiere un reemplazo periódico. La velocidad a la cual el metal de Molibdeno decrece al interior del convertidor depende del caudal de muestra y de la concentración de NO_2.

Glosario

Background substances, 52
Beer-Lambert Law, 52
Buffer solution, 15, 29

Calibration gas, 88
Calibration, pH instrument, 29
Chromatography, 33
Column, chromatograph, 33
Combination electrode, 16

Dead time, 45
Diffraction grating, 54
Dynode, 85

Einstein, Albert, 46
Electrodeless conductivity cell, 10
Electron capture detector, GC, 35

Filtering, negative (spectroscopy), 75
Filtering, positive (spectroscopy), 74
Flame ionization detector, GC, 36
Flame photometric detector, GC, 35

Fraunhofer lines, 56
Fraunhofer, Joseph von, 56

Gas Filter Correlation spectroscopy, 75
Gas, calibration, 88
Gas, span, 88
Gas, zero, 88
GFC spectroscopy, 75

Hydration, pH electrode, 18

IFC spectroscopy, 75
Interference Filter Correlation spectroscopy, 75
Isopotential point, pH, 31

Lambert-Beer Law, 52
Luft detector, 65

Measurement electrode, 15
Mobile phase, 33
Multi-variable transmitter, 39

NDIR spectroscopy, 58
NDUV spectroscopy, 58
NDVIS spectroscopy, 58

Negative filtering (spectroscopy), 75
Nernst equation, 13, 22
Nitrogen-phosphorus detector, GC, 35

Parts per million (ppm), 88
Photoelectric effect, 85
Photomultiplier tube, 83, 90
Planck's constant, 46
Planck, Max, 46
Positive filtering (spectroscopy), 74
ppm, 88
Preamplifier, pH probe, 27
Programming, chromatograph, 46

Rangeability, 23
Reference electrode, 16
Retention time, 33
Richter scale, 23
Rosemount Analytical X-STREAM X2 gas analyzer, 73

Secondary emission, electrons, 85
Shelf life, pH electrode, 19
Slope, pH instrument, 28
Sodium error, pH measurement, 16
Span gas, 88
Stationary phase, 33

Thermal conductivity detector, GC, 36
Thin-layer chromatography, 33
Toroidal conductivity cell, 10
Transport delay, 45

Zero gas, 88

Su visita será siempre bienvenida en
http://habanazo.blogspot.com

www.ingramcontent.com/pod-product-compliance
Lightning Source LLC
Chambersburg PA
CBHW030854180526
45163CB00004B/1567